Linux 系统管理与服务器配置项目教程（基于 Debian）

主　编　田　钧　李　淼　陈　伟
副主编　詹海强　朱卫胜
参　编　陈　晨　高　靖　饶慧敏

U0233988

北京理工大学出版社
BEIJING INSTITUTE OF TECHNOLOGY PRESS

内 容 简 介

本书以 Debian 9 操作系统为基础，全面介绍了 Linux 操作系统的系统使用及服务配置，具体包括 Debian 9 操作系统的安装、系统配置、用户管理、磁盘管理、网环境配置和 Linux 网络服务的安装、配置与管理方法等。本书内容注重实用性和可操作性，以实际的项目案例进行教学，使读者可以在了解相关技术和知识的基础上，迅速完成相关服务项目的配置。本书中所有配置都经过了实际验证，项目内容可以实现所见即所得。本书结合世界技能大赛所包含 Linux 模块的内容要求，将其融入本书的知识点、技术项目的实施过程中，结合企业项目工程实际，实现学习、竞赛、工程项目的有机融合。

本书可作为计算机相关专业教材，也可供计算机相关技术爱好者进行研究学习。

版权专有　侵权必究

图书在版编目（CIP）数据

Linux 系统管理与服务器配置项目教程：基于 Debian/
田钧，李淼，陈伟主编. -- 北京：北京理工大学出版社，
2021.11

　　ISBN 978-7-5682-9808-7

　　Ⅰ. ①L… Ⅱ. ①田… ②李… ③陈… Ⅲ. ①Linux 操作系统-网络服务器-系统管理-高等职业教育-教材
Ⅳ. ①TP316.85

　　中国版本图书馆 CIP 数据核字（2021）第 083269 号

出版发行 / 北京理工大学出版社有限责任公司
社　　　址 / 北京市海淀区中关村南大街 5 号
邮　　　编 / 100081
电　　　话 / （010）68914775（总编室）
　　　　　　（010）82562903（教材售后服务热线）
　　　　　　（010）68944723（其他图书服务热线）
网　　　址 / http://www.bitpress.com.cn
经　　　销 / 全国各地新华书店
印　　　刷 / 定州市新华印刷有限公司
开　　　本 / 787 毫米×1092 毫米　1/16
印　　　张 / 11.5　　　　　　　　　　　　　　　　责任编辑 / 王玲玲
字　　　数 / 265 千字　　　　　　　　　　　　　　文案编辑 / 王玲玲
版　　　次 / 2021 年 11 月第 1 版　2021 年 11 月第 1 次印刷　　责任校对 / 刘亚男
定　　　价 / 59.80 元　　　　　　　　　　　　　　责任印制 / 施胜娟

图书出现印装质量问题，请拨打售后服务热线，本社负责调换

Foreword 前言

作为最著名的自由和开源软件项目，Linux 是先进的操作系统，它支持更多的硬件平台，既可以运行在个人计算机上，也可以运行在服务器或其他大型主机之上，例如流行的网站后台；Linux 也广泛应用于嵌入式系统，如手机、平板电脑、路由器、电视和电子游戏机等。在移动设备上广泛使用的 Android 操作系统就是创建在 Linux 内核之上的。

Linux 系统越来越流行，在企业服务器应用中更是如此。作为计算机专业的学生或 IT 从业人员，非常有必要了解和学习一些 Linux 技术。

本书以 Debian 9 操作系统为基础，全面介绍了 Linux 操作系统的系统使用及服务配置，具体包括 Debian 9 操作系统的安装、系统配置、用户管理、磁盘管理、网络环境配置和 Linux 网络服务的安装、配置与管理方法等。

本书内容注重实用性和可操作性，采用实际的项目案例进行教学，使读者可以在了解相关技术和知识的基础上，迅速完成相关服务项目的配置。本书所有服务的配置都经过了实际验证，项目内容可以实现所见即所得。

本书结合世界技能大赛所包含的 Linux 模块的内容要求，把世界技能大赛 Linux 模块的内容融入本书的知识点、技术项目的实施过程中，结合企业项目工程实际，实现学习、竞赛、工程项目的有机融合。

作者结合多年的企业项目实践、教学经验和世界技能大赛训练经验，编写了这本融合基础理论，以项目的形式呈现 Linux 系统管理项目实施过程，能满足学校教学、学生自我学习实验、企业技术人员学习参考、竞赛训练指导等功能的教程。

本书可作为高职高专院校计算机教材（同时也适合中职中专、本科计算机类相关专业要求），也适合从事计算机网络组建和服务器管理工作的人员使用，同时可作为 Linux 爱好者的参考书和 Linux 培训机构的教材。

Contents 目 录

项目一
Linux 简介

【任务描述】

在企业服务器领域，Linux 操作系统被广泛应用。现在让我们一起来认识和了解 Linux 系统。

【学习目标】

1. 了解 Linux 的行业应用，特别是注意在企业的核心技术中的应用。

2. 了解 Linux 的基本结构和技术特点，理解 Linux 为什么会被广泛应用到生产生活的各个领域。

3. 了解什么是开源软件，以及开源软件的优缺点。

4. 了解 Linux 各大主流发行版各自的特点。

任务一　认识 Linux 系统

Linux①是一种自由和开放源代码的类 UNIX 操作系统。该操作系统的内核由林纳斯·托瓦兹（Linus Torvalds）在 1991 年 10 月 5 日首次发布。其在加上用户空间的应用程序之后，成为 Linux 操作系统。Linux 也是自由软件和开放源代码软件发展中最著名的例子。只要遵循 GNU 通用公共许可证，任何个人和机构都可以自由地使用 Linux 的所有底层源代码，也可以自由地修改和再发布。大多数 Linux 系统还包括了像提供 GUI 界面的 X-window 之类的程序。除了一部分专家之外，大多数人都是直接使用 Linux 发行版，而不是自己选择每一样组件或自行设置。

严格来讲，术语 Linux 只表示操作系统内核本身，但通常采用 Linux 内核来表达该意思。Linux 则常用来指基于 Linux 内核的完整操作系统，包括 GUI 组件和许多其他实用工具。由于这些支持用户空间的系统工具和库主要由理查德·斯托曼（Richard M. Stallman）于 1983 年发起的 GNU 计划提供，自由软件基金会提议将该组合系统命名为 GNU/Linux，但 Linux 本

----

① 部分内容来自维基百科和其他互联网（如发行版官网介绍等）。

身不属于 GNU 计划。

Linux 最初是作为支持英特尔 x86 架构的个人计算机的一个自由操作系统。目前 Linux 已经被移植到更多的计算机硬件平台，远远超出其他任何操作系统。Linux 是一个领先的操作系统，可以运行在服务器和其他大型平台之上，如大型主机和超级计算机。世界上 500 个最快的超级计算机 90% 以上运行 Linux 发行版或变种，包括最快的前 10 名超级计算机运行的都是基于 Linux 内核的操作系统。Linux 也广泛应用在嵌入式系统上，如手机、平板电脑、路由器、电视和电子游戏机等。在移动设备上广泛使用的 Android 操作系统就是创建在 Linux 内核之上的。

通常情况下，Linux 被打包成供个人计算机和服务器使用的 Linux 发行版，一些流行的主流 Linux 发布版，包括 Debian（及其派生版本 Ubuntu、Linux Mint）、Fedora（及其相关版本 Red Hat Enterprise Linux、CentOS）和 openSUSE 等。Linux 发行版包含 Linux 内核和支撑内核的实用程序和库，通常还带有大量可以满足各类需求的应用程序。个人计算机使用的 Linux 发行版通常包含 X-window 和一个相应的桌面环境，如 GNOME 或 KDE。桌面 Linux 操作系统常用的应用程序，包括 Firefox 网页浏览器、Libre Office 办公软件、GIMP 图像处理工具等。由于 Linux 是自由软件，任何人都可以创建一个符合自己需求的 Linux 发行版。

任务二　探索 Linux 系统发展史

1. 未完成的 Multics

早期的计算机并不像现在的微型 PC 这样随处可见，它们只出现在军事、科研和教育等领域，并且为数不多的计算机不仅慢，还很难使用。20 世纪 60 年代初期，麻省理工学院（MIT）开发了"兼容分时系统"（Compatible Time-Sharing System，CTSS），它可以让大型机通过多个终端（terminal）联机使用主机资源。1965 年前后，美国电话及电报公司（AT&T）贝尔实验室、麻省理工学院（MIT）及通用电气公司（GE）计划开发一个多用途（General-Purpose）、分时（Time-Sharing）及多用户（Multi-User）的操作系统，即 Multics（MULTiplexed Information and Computing System），其被设计运行在 GE-645 大型主机上。不过，这个项目由于太过复杂，整个目标过于庞大，糅合了太多的特性，进展太慢。Multics 虽然发布了一些产品，但是性能都很低，于是到了 1969 年 2 月，AT&T 最终撤出了投入 Multics 项目的资源，终止这项合作计划。不可否认，Multics 系统是一个优秀的设计，后来开发的 UNIX 系统在一定程度上受到它的启发。

2. UNIX 和 BSD

Linux 是一个 UNIX-Like（类 UNIX）操作系统，继承了 UNIX 高效、稳定、安全的特性，并与 UNIX 保持着高度兼容性。常用的 Linux 系统整合着大量原本在 UNIX 下的工具与服务。

UNIX 操作系统是美国 AT&T 公司贝尔实验室于 1969 年实现的操作系统。最早由肯·汤普逊（Ken Thompson）、丹尼斯·里奇（Dennis Ritchie）、道格拉斯·麦克罗伊（Douglas

McIlroy）和乔伊·欧桑纳（Joe Ossanna）于 1969 年在 AT&T 贝尔实验室开发，于 1971 年首次发布，最初是完全用汇编语言编写的，这是当时的一种普遍的做法。1973 年，UNIX 被丹尼斯·里奇用编程语言 C（内核和 I/O 例外）重新编写。高级语言编写的操作系统具有可用性，移植到不同的计算机平台更容易。

UNIX 在学术机构和大型企业中得到了广泛的应用，当时的 UNIX 拥有者 AT&T 公司以低廉甚至免费的许可将 UNIX 源码授权给学术机构做研究或教学之用，许多机构在此源码基础上加以扩充和改进，形成了所谓的 UNIX 变种，这些变种反过来也促进了 UNIX 的发展，其中最著名的变种之一是由加州大学柏克莱分校开发的柏克莱软件包（BSD）产品。

后来 AT&T 意识到了 UNIX 的商业价值，不再将 UNIX 源码授权给学术机构，并对之前的 UNIX 及其变种声明了版权权利。而 BSD 在 UNIX 的历史发展中具有相当大的影响力，被很多商业厂家采用，成为很多商用 UNIX 的基础。由于版权问题，4.4 BSD 完全删除了来自 AT&T 的代码。尽管后来非商业版的 UNIX 系统又经过了很多演变，但其中有不少最终都是创建在 BSD 版本上的（Linux、MINIX 等系统除外）。所以，从这个角度来说，4.4 BSD 又是所有自由版本 UNIX 的基础，它们和 System V、Linux 等共同构成 UNIX 操作系统这片璀璨的星空。BSD 在发展中也逐渐派生出 3 个主要的分支：FreeBSD、OpenBSD 和 NetBSD。

此后的几十年中，UNIX 仍在不断变化，其版权所有者不断变更，授权者的数量也在增加。UNIX 的版权曾经为 AT&T 所有，之后 Novell 拥有了 UNIX，再之后 Novell 又将版权出售给了圣克鲁兹作业。很多大公司在取得了 UNIX 的授权之后，开发了自己的 UNIX 产品，比如 IBM 的 AIX、惠普公司的 HP-UX、SUN 的 Solaris 和硅谷图形公司的 IRIX。

UNIX 因为其安全可靠、高效强大的特点在服务器领域得到了广泛的应用。在 GNU/Linux 开始流行前，UNIX 也是科学计算、大型机、超级计算机等所用操作系统的主流。即使是现在，其仍然被应用于一些对稳定性要求极高的数据中心之上。

操作系统家族简图如图 1-1 所示。

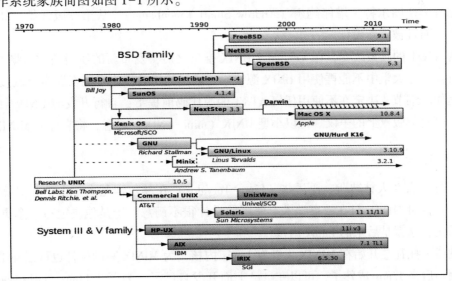

图 1-1　操作系统家族

NOTE

值得一提的是，BSD UNIX 最先实现了 TCP/IP，除此之外，柏克莱大学还开发了现代计算机领域广泛使用的 DB 和 DNS。

3. GNU 计划

1983 年，理查德·马修·斯托曼（Richard M. Stallman）创立了 GNU 计划。这个计划有一个目标，即发展一个完全自由的类 UNIX 操作系统。自 1984 年发起这个计划以来，在 1985年，理查德·马修·斯托曼发起自由软件基金会并且在 1989 年撰写了 GPL 协议（开源软件最重要的版权协议之一）。20 世纪 90 年代早期，GNU 开始大量制作和收集各种系统所必备的组件，比如库、编译器、调试工具、文本编辑器、网页服务器等，以及一个 UNIX 的用户界面（UNIX shell），但是一些底层环境，如硬件驱动、守护进程运行内核（Kernel）等，仍然不完整或陷于停顿。GNU 计划是在马赫微核（Mach microkernel）的架构之上开发系统内核，也就是所谓的 GNU Hurd。但是这个基于 Mach 的设计异常复杂，发展进度则相对缓慢。林纳斯·托瓦兹曾说过，如果 GNU 内核在 1991 年时可以用，那么他不会自己去写一个。

GNU 计划是现代软件发展的重要力量，它倡导开放、自由（Open source，Free software），吸引了大量的企业和个人开发者参与其中，为各个开源软件项目贡献代码，使得开源软件蓬勃发展，这也是 Linux 迅速壮大并逐渐流行的基础。

4. MINIX

MINIX 是一个轻量的小型类 UNIX 操作系统，是为在计算机科学用作教学而设计的，作者是安德鲁·斯图尔特·塔能鲍姆（Andrew Stuart Tanenbaum）。从第三版开始，MINIX 是自由软件，而且被重新设计。

因为 AT&T 的政策改变，在 Version 7 UNIX 推出之后，发布新的使用条款，将 UNIX 源代码私有化，在大学中不能再使用 UNIX 源代码。塔能鲍姆教授为了能在课堂上教授学生操作系统运作的细节，决定在不使用任何 AT&T 的源代码前提下，自行开发与 UNIX 兼容的操作系统，以避免版权上的争议。他以小型 UNIX（mini-UNIX）之意，将它称为 MINIX。

5. Linux 诞生

1991 年，芬兰人林纳斯·托瓦兹（Linus Torvalds）在赫尔辛基大学上学，对操作系统很好奇，并且对 MINIX 只在教育学术上使用的设计很不满意，于是他决定写一个更加实用的操作系统，这就是后来的 Linux 内核。

林纳斯·托瓦兹开始在 MINIX 上开发 Linux 内核，为 MINIX 写的软件也可以在 Linux 内核上使用。后来 Linux 成熟了，可以在自己上面开发自己了。为了让 Linux 可以在商业上使用，林纳斯·托瓦兹决定改变他原来的协议（这个协议会限制商业使用），使用 GNU GPL

协议来代替。采用 GPL 协议发布的 Linux 受到全世界开发者的广泛关注和参与，开发者致力于融合 GNU 元素到 Linux 中，做出一个有完整功能的、自由的操作系统。Linux 诞生路线如图 1-2 所示。

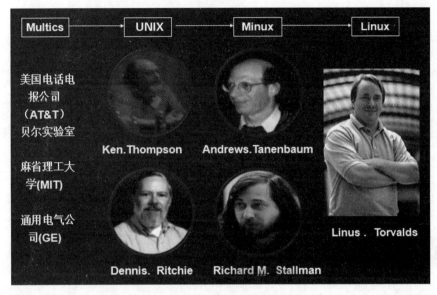

图 1-2　Linux 诞生

1994 年 3 月，Linux 1.0 版正式发布，Marc Ewing 成立了 Red Hat 软件公司，成为最著名的 Linux 经销商之一。

任务三　理解开源软件运动

1. 开源软件和开源软件运动

开放源代码软件就是在 GNU 通用公共许可证（GPL）或其他开源软件协议下发布的软件，以保障软件用户自由使用及接触源代码的权利，这同时也保障了用户自行修改、复制及再分发的权利。简而言之，所有公布软件源代码的程序，都可以称为开放源代码软件。开放源代码有时不仅指开放软件的源代码，它同时也是一种软件开发模式的名称。Linux 操作系统是使用开放源代码开发模式的软件代表之一。

开放源代码软件运动是一个主要由程序工程师及其他计算机用户参与的声势浩大的运动。它是自由软件运动的一个分支，但两者的差别并不明显。一般而言，自由软件运动是基于政治及哲学思想（有时被称为黑客文化）的理想主义运动，而开放源代码运动则主要注重程序本身的质量提升。

2. Linux 的标志

Linux 的标志和吉祥物是一只叫作 Tux 的企鹅，如图 1-3 所示。标志的由来是 Linus 在澳洲时曾被一只动物园里的企鹅咬了一口，印象深刻，便选择了企鹅作为 Linux 的标志。更容易被接受的说法是，企鹅代表南极，而南极又是全世界所共有的一块陆地，这也表明 Linux 是所有人的 Linux。

图 1-3　Linux 吉祥物

任务四　了解 Linux 系统特性和应用场景

1. 了解 Linux 系统的基本结构

基于 Linux 的系统是一个模块化的类 UNIX 操作系统。Linux 操作系统的大部分设计思想来源于 20 世纪 70 年代到 80 年代的 UNIX 操作系统所创建的基本设计思想。Linux 系统使用单内核，由 Linux 内核负责处理进程控制、网络，以及外围设备和文件系统的访问。在系统运行时，设备驱动程序要么与内核直接集成，要么以加载模块形式添加。

Linux 具有设备独立性，其内核具有高度适应能力，从而给系统提供了更高级的功能。GNU 用户界面组件是大多数 Linux 操作系统的重要组成部分，提供常用的 C 函数库、shell，以及许多常见的 UNIX 实用工具，可以完成许多基本的操作系统任务。大多数 Linux 系统使用的图形用户界面创建在 X-window 系统之上，由 X-window 系统通过软件工具及架构协议来创建操作系统所用的图形用户界面。

Linux 操作系统包含的一些组件如下：

①启动程序。例如 GRUB 或 LILO。该程序在计算机开机启动的时候运行，并将 Linux 内核加载到内存中。

②init 程序。init 是由 Linux 内核创建的第一个进程，称为根进程，所有的系统进程都是它的子进程，即所有的进程都是通过 init 启动的。init 启动的进程如系统服务和登录提示（图形或终端模式的选择）。

③软件库包含代码。可以通过运行的进程在 Linux 系统上使用 ELF 格式来执行文件，负责管理库使用的动态链接器是 "ld-linux.so"。Linux 系统上最常用的软件库是 GNU C 库。

④用户界面程序。如命令行 shell 或窗口环境。

2. 了解 Linux 系统的应用方向

经过 20 多年的发展，Linux 已成为最流行的操作系统之一，广泛应用于教育、科研、军事、企业及个人计算机领域。因为良好的移植性、硬件兼容性、稳定高效，它可以方便并可靠地部署在超级计算机、工作站、数据存储、网络服务器、嵌入式设备之上。

Linux 系统典型的应用包括：

①超级计算机。在 TOP 500 中，有 485 台运行 Linux 系统（2014.6）。

②服务器。Linux 发行版一直被用作服务器的操作系统，并且已经在该领域中占据重要地位。Linux 发行版是构成 LAMP（Linux 操作系统、Apache、MySQL、Perl、PHP、Python）的重要部分，LAMP 是一个常见的网站托管平台，在开发者中已经得到普及应用。

③工作站。《泰坦尼克号》《我是传奇》《指环王》《星球大战》《哈利·波特》《怪物史莱克》《2012》《阿凡达》等特效制作依赖于 Linux 的集群系统完成。

④个人计算机。随着 X-window 的加入，桌面环境发展和应用软件的极大丰富，Linux 在图形界面的易用性也取得了长足的进步，产生了诸如 Ubuntu、Fedora 等优秀的桌面系统。

⑤嵌入式设备。Linux 的低成本、强大的定制功能及良好的移植性能，使得 Linux 在嵌入式系统方面也得到广泛应用。比如数字视频系统、音频系统、车载系统、光源系统、智能家居系统内采用了定制的 Linux；在网络防火墙和路由器中也大多使用了定制的 Linux。

⑥移动设备。在智能手机、平板电脑等移动设备方面，基于 Linux 内核的操作系统也成为最广泛的操作系统。比如 Android、Sailfish、Firefox OS、Ubuntu Touch 等。

⑦云计算。全球最大的云计算服务商 Amazon EC2 云完全构建于 Linux 架构之上；流行的 Openstack 云计算解决方案也是基于 Linux 系统部署的。

3. Linux 的特性

①Linux 是一种类 UNIX 操作系统，它遵循 POSIX 标准，运行在 UNIX 下的软件很容易移植到 Linux 下，这使得 Linux 立刻拥有了大量优秀的软件。同时，Linux 与 UNIX 非常相似，而它的开发人员大都拥有 UNIX 的背景。

②使用 Linux，包括对它的复制、修改、再发布，在遵循 GPL 的协议下，用户不会有任何版权问题方面的担心，对于企业部署可以极大地降低成本。正因为支持 Linux 平台不会依赖于任何一家私有软件公司，所有各大软硬件厂商都支持并发展 Linux，如 Red Hat、IBM、INTEL、DELL、Oracle、VMware、Google 等。

③由于 Linux 是基于 Internet 由社区开发的，并有众多的支持者进行测试和 bug 提交，所以 Linux 拥有更快的更新速度、更透明的漏洞修补和功能改进。

④Linux 继承了 UNIX 多用户多任务的设计理念，允许多人同时上线工作，并合理分配资源。严格的用户权限管理使得不同的使用者之间保持高度的保密性和安全性。

⑤Linux 系统使用相对较少的硬件资源，甚至可以在一台已经废弃的计算机上安装 Linux，在其上进行一些网络服务，会发现它竟然非常流畅，并且一般情况下不用担心它会

越来越慢。

⑥Linux 独特的内核设计决定了它的网络性能出色，不少网络设备厂商直接基于 Linux 开发网络路由、防火墙设备。

⑦正如前面提到，Linux 得到来自各大软硬件厂商的支持，特别是企业级应用。

Linux 的资源丰富，本身的工具和软件已经自带了详细使用文档和大量帮助信息。而且互联网上也有众多乐于分享和帮助的 Linux 用户，如果碰到问题，甚至可以直接咨询软件的开发者。

任务五　了解 Linux 系统不同版本

1. 系统发行版

Linux 发行版指的就是通常所说的"Linux 操作系统"，它可能是由一个组织、公司或者个人发布的。Linux 主要作为 Linux 发布版（通常被称为 Distro）的一部分而使用。通常来讲，一个 Linux 发布版包括 Linux 内核、将整个软件安装到计算机上的一套安装工具、各种 GNU 软件及其他的一些自由软件、在一些特定的 Linux 发布版中也有一些专有软件。发行版为许多不同的目的而制作，包括对不同计算机硬件结构的支持、对一个具体区域或语言的本地化、实时应用和嵌入式系统。目前，数百个 Linux 发行版被积极地开发，被广泛应用的发行版有：

（1）Debian

Debian 是一个完全开放的、强烈信奉自由软件的系统，由 Debian 计划组织维护，其背后没有任何营利组织的支持，开发人员完全来自全世界各地的志愿者。Debian 采用基于 Deb 的包管理方式，APT 的在线软件安装更新非常方便且快速。其提供超过 18 000 个软件包的支持，受到研究机构开发人员的极大欢迎。

（2）Ubuntu

Ubuntu 基于 Debian 开发，采用相同的 DEB 和 APT。由 Canonical 支持，坚持每 6 个月发布一个版本，分别提供 6 个月和 3 年（LTS）的技术支持。由于其易用性和遍布世界各地的镜像源服务器，使得它近年来变得非常流行。

（3）Red Hat Enterprise Linux

RHEL 是 Red Hat（红帽）公司的企业版 Linux 系统，因其稳定强大、各大厂商认证和良好的技术支持，在 Linux 服务器市场上占领超过 50% 份额。其采用 RPM 的包管理方式，很多发行版都或多或少地受到它的影响。

（4）CentOS

由社区开发并维护，基于 RHEL，并与 RHEL 版本号保持一致。致力于提供一个自由使用且稳定的 RHEL。开发者直接修改 RHEL 的源代码，去除了红帽的商标和商业服务组件，修复了很多存在的 bug。其拥有自己的软件仓库，提供免费的在线更新程序。

（5）Fedora

主要由 Red Hat 主持的社区 Linux 项目，采用同样的 RPM 包管理，致力于最新技术的开发和引入。经过测试的稳定且有价值的技术将被 RHEL 吸纳。坚持每半年发布一个版本。

（6）SUSE Linux

在欧洲非常流行的 Linux 发行版，以界面华丽和简单易用著称。其于 2004 年被 NOVELL 收购。NOVELL 提供企业级的 SUSE Linux Enterprise Server 及 SUSE Linux Enterprise Server Desktop 软件和商业技术支持服务，企业市场占有率较高。OpenSUSE 是基于企业版的社区提供的免费 SUSE Linux。

（7）其他

还有一些非常有特色且流行的 Linux 发行版，例如：

Arch Linux，一个基于 KISS（Keep It Simple and Stupid）的滚动更新的操作系统。

Gentoo，一个面向高级用户的发行版，所有软件的源代码需要自行编译。

Elementary OS，基于 Ubuntu，界面酷似 Mac OS X。

Linux Mint，从 Ubuntu 派生并与 Ubuntu 兼容的系统。

图 1-4 所示是流行的 Linux 操作系统的图标。

图 1-4　流行的 Linux 操作系统

2. Linux 的版本

Linux 系统设计对软硬件的版本要求极高，不同的硬件平台、内核版本、系统版本、软件版本一般不能通用。对于 Linux 版本，主要是了解以下两个方面：

（1）Kernel 版本

Kernel 版本即 Linux 内核版本。Linux 内核有以下不同的命名方案。

早期版本：

第一个版本的内核是 0.01，其次是 0.02、0.03、0.10、0.11、0.12（第一个 GPL 版本）、0.95、0.96、0.97、0.98、0.99 及 1.0。

旧计划（1.0 和 2.6 版之间），版本的格式为 A.B.C，比如 2.4.18。其中，A、B、C 代表：

- A 是指大幅度转变的内核。其很少发生变化，只有当代码和核心发生重大变化才会改变。在历史上曾改变两次内核：1994 年的 1.0 及 1996 年的 2.0。

- B 是指一些重大修改的内核。在 2.x 时代，如果 x 为奇数，指开发版本；偶数指稳定版本。

- C 是指轻微修订的内核。当有安全补丁、bug 修复、新的功能或驱动程序时，这个数字便会有变化。

自 2.6.0（2003 年 12 月）发布后，人们认识到，更短的发布周期将是有益的。自那时起，版本的格式为 A.B.C.D，其中 A、B、C、D 代表：

- A 和 B 是固定不变的。

- C 是内核的版本。

- D 是安全补丁。

自 3.0（2011 年 7 月）发布后，版本的格式为 3.A.B，其中 A、B 代表：

- A 是内核的版本。

- B 是安全补丁。

可以在 www.kernel.org 查看或下载最新的内核版本。

（2）操作系统的版本

在生产和学习中使用的一般是完整 Linux 操作系统发行版。每个不同的发行版都有自己的版本号命名规则。以 Debian 为例，目前最新的版本是 9.x。其中，9 表示主版本号；x 表示次版本号。

Debian 的系统映像的文件名为 debian-9.4.0-amd64-DLBD-1.iso。其中，amd64 表示支持 64 位 CPU 平台。

严格来说，Linux 只是一个操作系统内核，大多数 Linux 发行版是由操作系统内核加上 GNU 的软件或工具形成的完整的操作系统。

项目二
安装系统

【任务描述】

　　新的项目要求基础环境使用 Linux 系统，需要在服务器上部署 Debian 9 的系统，并要求在安装部署的过程中，合理选择硬件配置，按需定制安装软件套件。

【学习目标】

1. 掌握 Debian 9 图形界面安装方法。
2. 掌握 Debian 9 字符界面安装方法。

任务　使用图形界面安装 Debian 9

1. 启动安装程序

要使用 Debian 9 Linux DVD 或者最小引导介质启动安装程序，请按照以下步骤执行：

①断开所有与安装无关的外部固件或者 USB 磁盘的连接。

②打开计算机系统。

③在计算机中插入该介质。

④关闭计算机并将引导介质留在里面。

⑤打开计算机系统。

需要按具体的按键或者组合键从该介质引导。在大多数计算机开机后，在很短的时间内，屏幕上会出现一个信息，通常类似于"Press F12 to select boot device"，但不同的计算机中的具体文字及要按的按键会不同。查看计算机或主板的文档，或者从硬件生产商或零售商处寻求支持。

如果计算机不允许在启动时选择引导设备，可能需要将系统的基本输入/输出系统（BI-OS）配置为使用该介质引导。

NOTE

　　UEFI 和 BIOS 的引导配置有很大差别，因此安装的系统必须使用安装时所用的同一固件引导。不能在使用 BIOS 的系统中安装操作系统后，再在使用 UEFI 的系统中引导这个安装。

2. 安装过程

①进入安装启动界面，如图 2-1 所示。

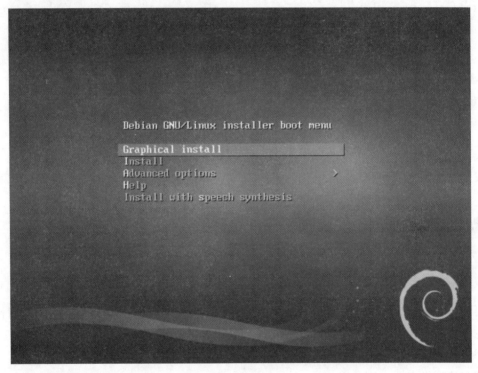

图 2-1　安装启动界面

②选择语言，如图 2-2 所示。

③选择地区，如图 2-3 所示。

④配置键盘，如图 2-4 所示。

⑤扫描光盘，如图 2-5 所示。

⑥配置网络，如图 2-6 所示。

⑦配置管理员密码，如图 2-7 所示。

⑧创建普通用户，如图 2-8 所示。

⑨配置普通用户密码，如图 2-9 所示。

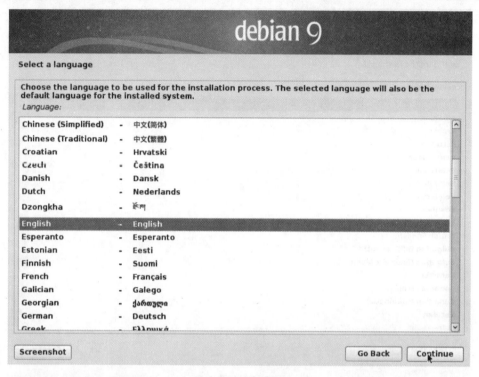

图 2-2　选择语言

图 2-3　选择地区

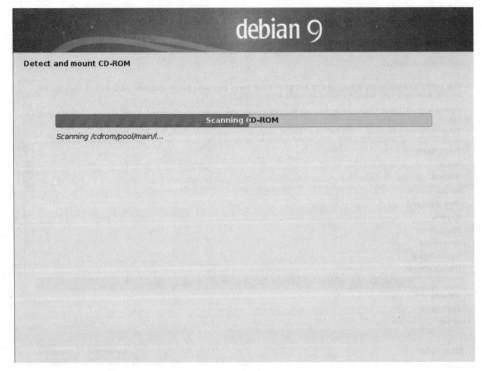

图 2-4　配置键盘

图 2-5　扫描光盘

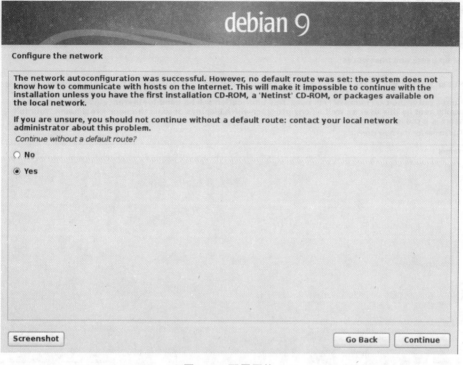

图 2-6 配置网络

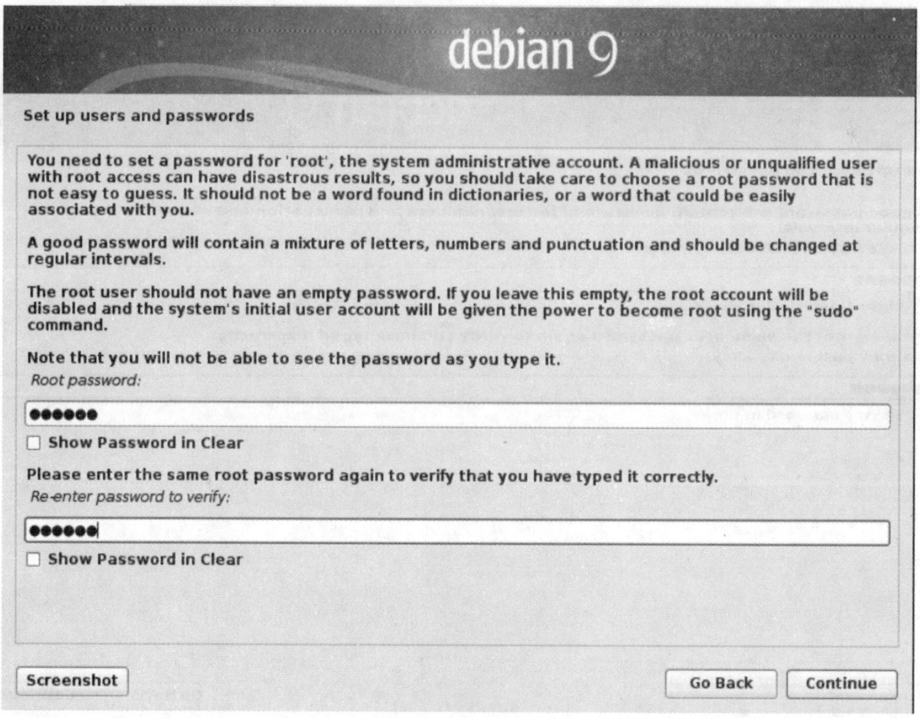

图 2-7 配置管理员密码

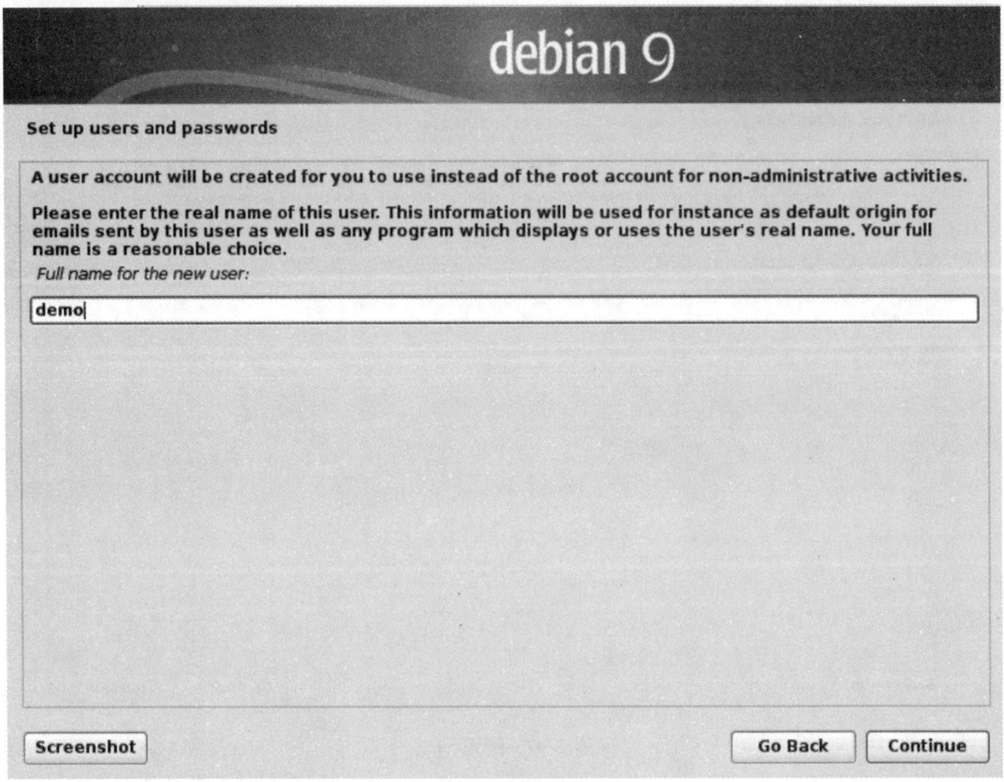

图 2-8 创建普通用户

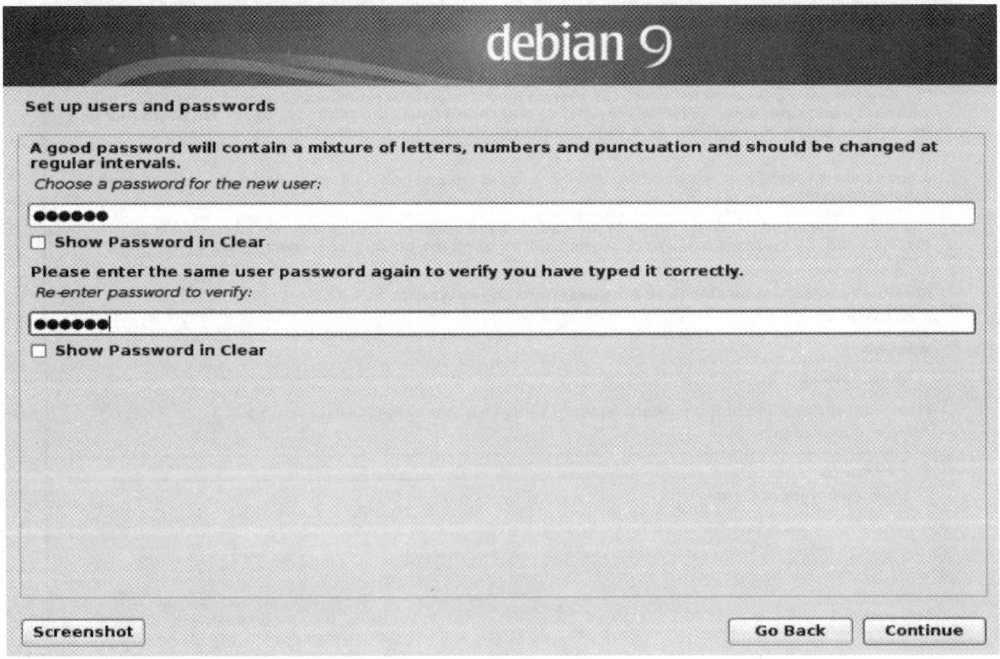

图 2-9 设置普通用户密码

⑩配置时钟，如图 2-10 所示。

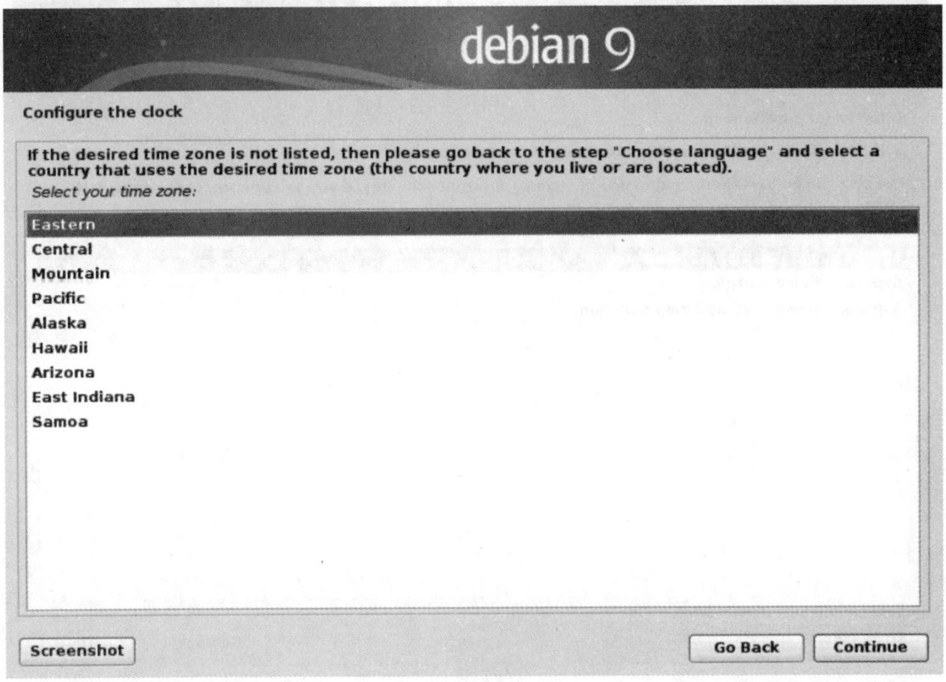

图 2-10 配置时钟

⑪进行磁盘分区，如图 2-11~图 2-14 所示。

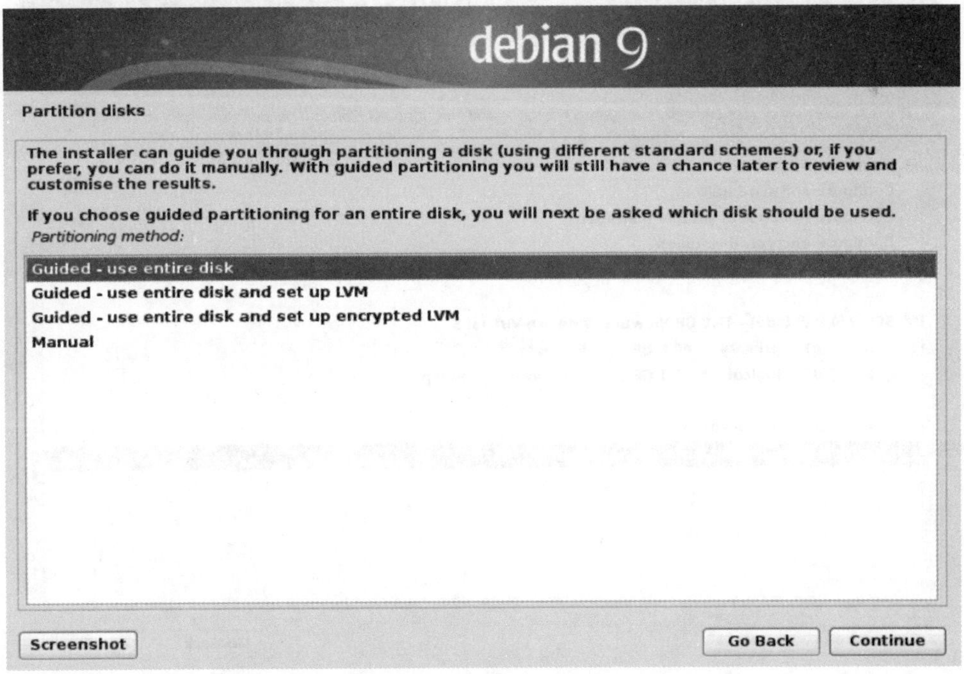

图 2-11 磁盘分区向导

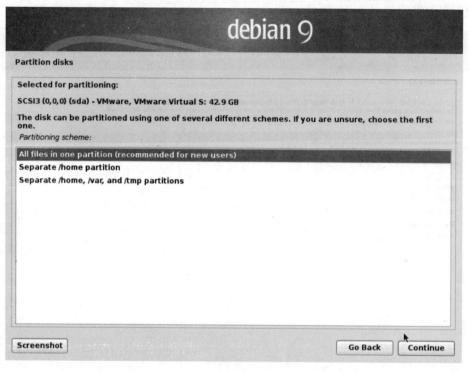

图 2-12　磁盘分区

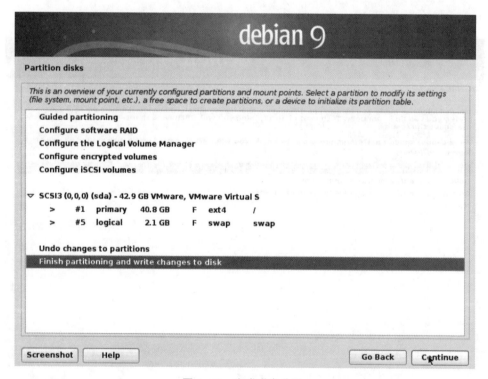

图 2-13　完成磁盘分区

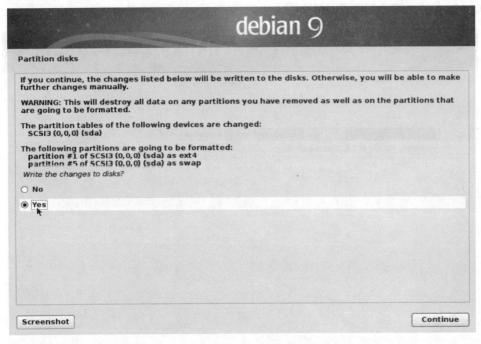

图 2-14　磁盘分区确认

⑫选择要安装的软件包，如图 2-15 所示。

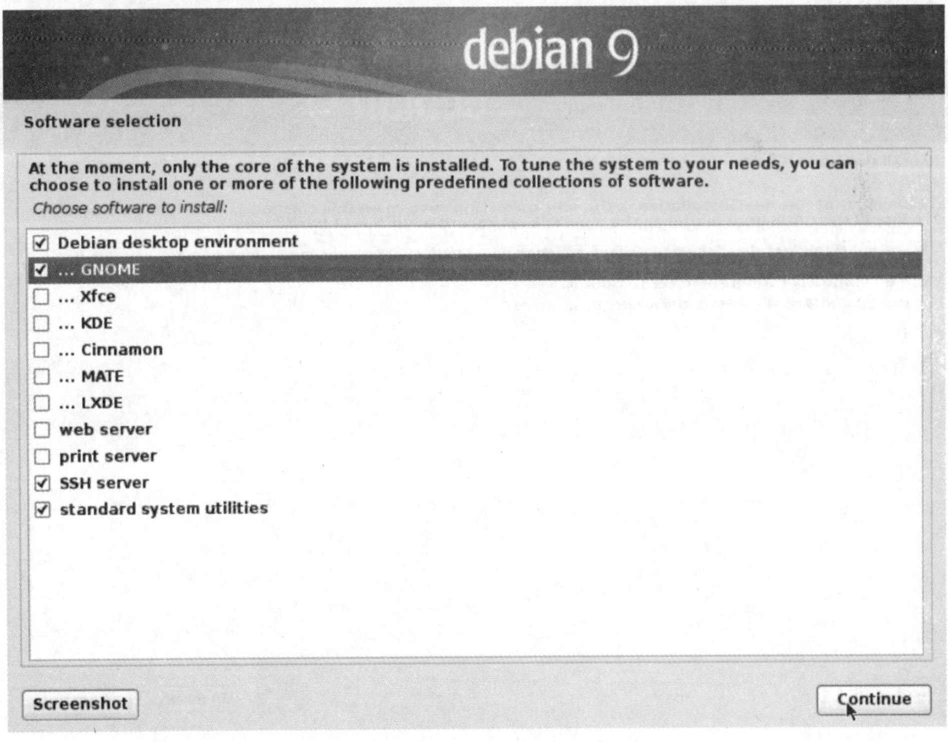

debian 9

Software selection

At the moment, only the core of the system is installed. To tune the system to your needs, you can choose to install one or more of the following predefined collections of software.

Choose software to install:

☑ **Debian desktop environment**
☑ ... **GNOME**
☐ ... **Xfce**
☐ ... **KDE**
☐ ... **Cinnamon**
☐ ... **MATE**
☐ ... **LXDE**
☐ web server
☐ print server
☑ SSH server
☑ standard system utilities

Screenshot   Continue

图 2-15　选择软件包

⑬开始安装系统，如图 2-16 所示。

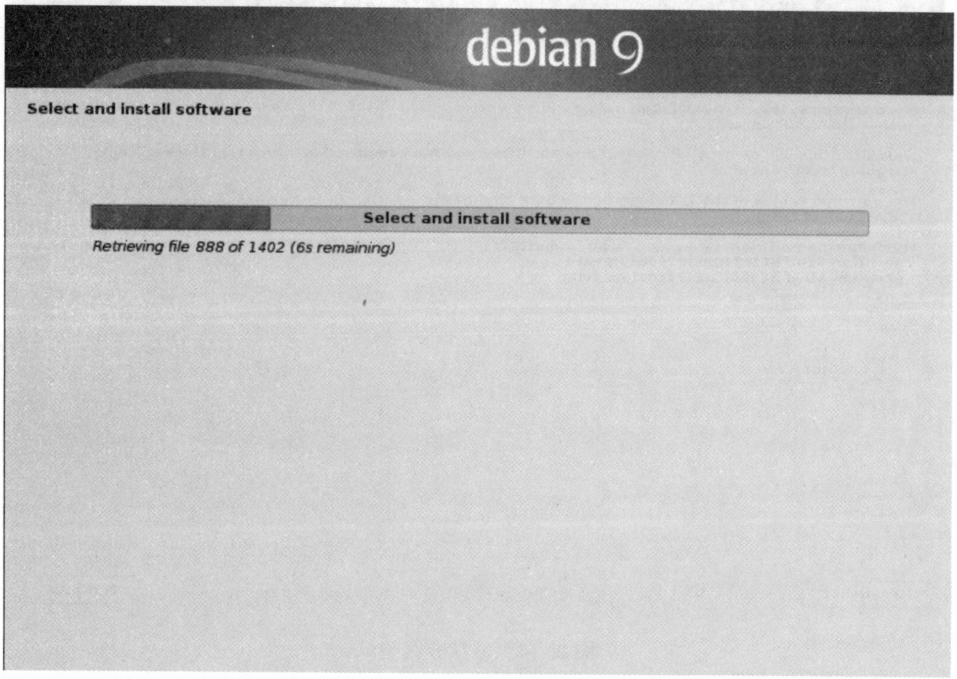

图 2-16　系统开始安装界面

⑭安装系统引导器，如图 2-17 和图 2-18 所示。

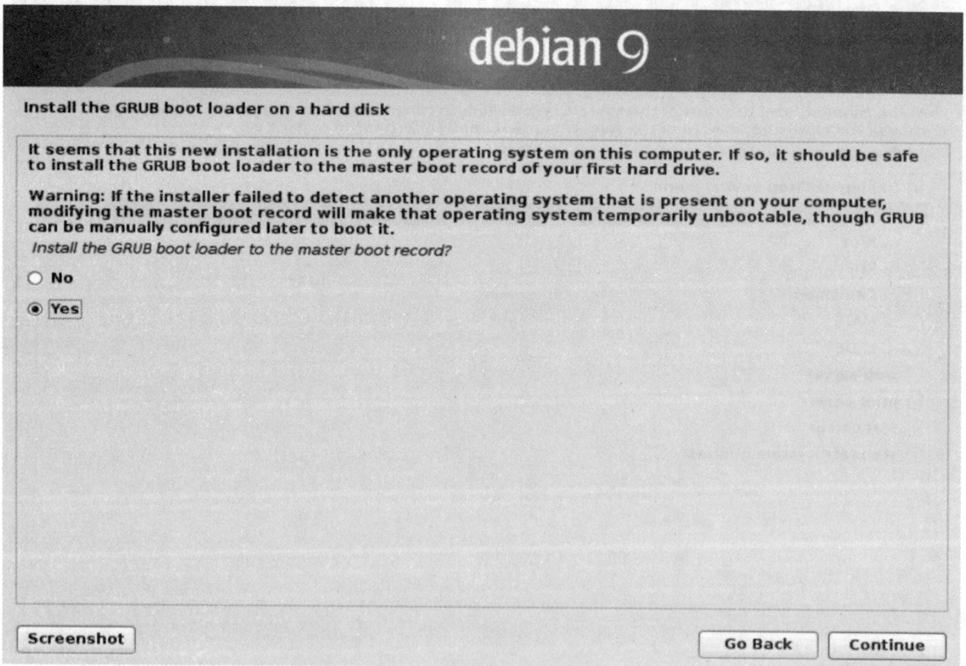

图 2-17　安装引导器

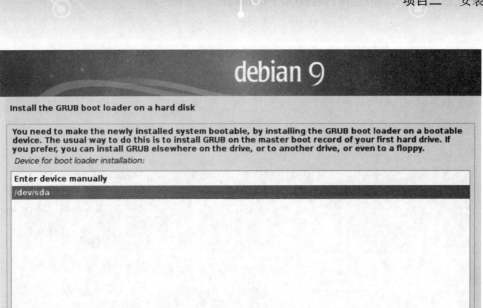

图 2-18　选择引导器安装位置

⑮系统安装完成，如图 2-19 所示。

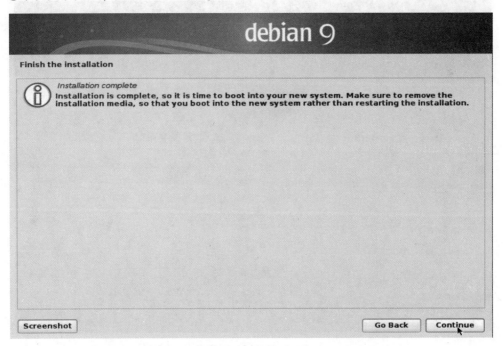

图 2-19　安装完成

⑯重启系统后，来到用户登录界面，如图2-20所示。

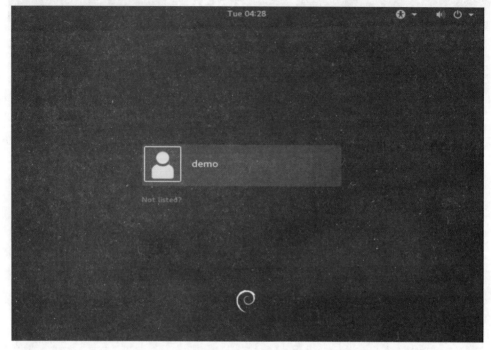

图2-20　系统登录界面

⑰登录系统后，进入Linux系统桌面，如图2-21所示。

图2-21　系统桌面

　　安装系统是部署一个业务应用的起点，也是应用架构的基础，所以，提前合理地规划，对安装细节的准确理解会使整个工作得心应手，避免以后系统使用中碰到不必要的麻烦。而要能应对不同的机房环境、服务器设备、安装介质、安装要求，并能解决安装过程中出现的问题，则需要在以后的学习中，对 Linux 系统体系结构更加深入了解后，通过反复实践和经验的积累进行加强。

　　随着学习的深入和工作实践，以后在部署 Linux 系统时，要尽量考虑到安全性、稳定性、可扩展性，最大限度地发挥系统软硬件的性能，以及最优的性价比等多方面的因素。

【任务描述】

在学习和使用 Linux 系统的过程中，shell 命令行是非常重要的组成部分。虽然图形桌面环境如 GNOME 提供了一个友好的操作界面，但在实践中，shell 命令行提供了更多的功能、更好的灵活性及自动化和批量处理的能力，可以简化或实现那些使用图形工具难以有效完成的操作。shell 环境还提供了在 Linux 服务器使用图形界面交互的可能，例如在系统非正常启动的情况下，或基于字符界面的远程连接管理。

【学习目标】

1. 理解命令行的格式及用法。

2. 熟练使用--help 和 man 获得命令的帮助信息。

3. 理解命令行中工作路径的意义和使用方法。

任务一　开始使用 shell 命令行

Linux（或 UNIX）shell 也叫作命令行界面，它是 Linux/UNIX 操作系统下传统的用户和计算机的交互界面。用户直接输入命令来执行各种各样的任务。普通意义上的 shell 就是可以接受用户输入命令的程序。它之所以被称作 shell，是因为它隐藏了操作系统底层的细节。Linux 操作系统下的 shell 既是用户交互的界面，也是控制系统的脚本语言。

在 Linux 系统中被广泛使用的 shell 是 Bash，在 1987 年由布莱恩·福克斯（Brian J. Fox）为了 GNU 计划而编写。1989 年发布第一个正式版本，原先计划用在 GNU 操作系统上，但能运行于大多数类 UNIX 系统的操作系统之上，包括 Linux 与 Mac OS X v10.4 都将它作为默认 shell。其在 Novell NetWare 与 Android 上也有移植。

除此之外，shell 还有 ash、dash、ksh、zsh、csh、tcsh 等。

Debian 中的默认 shell 是 Bash。

1. 使用 shell 命令行

Debian 9 默认提供了 7 个虚拟控制台，可以使用 Ctrl+Alt+F1~F7 组合键进行切换，其中控制台 1（或 7）是图形界面，其余为命令行控制台，如图 3-1 所示。

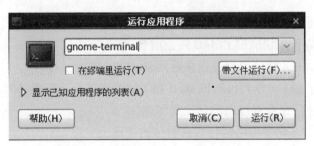

图 3-1　虚拟控制台

在桌面环境下，可以使用虚拟终端来运行命令。GNOME 中的默认终端模拟器是 gnome-terminal。可以通过如下方式启动：

①从顶部面板依次单击"应用程序"→"系统工具"→"终端"。

②在桌面空白区域或 Nautilus 窗口空白区域右击，选择"在终端中打开"。

③按快捷键 Alt+F2，在运行应用程序的对话框中输入"gnome-terminal"，按 Enter 键运行，如图 3-2 所示。

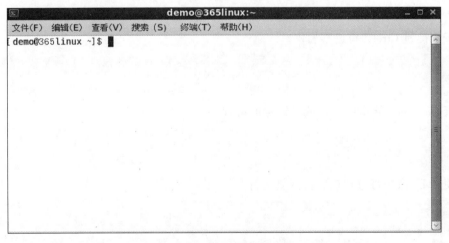

图 3-2　运行应用程序

通过以上任一种方式打开虚拟终端窗口，如图 3-3 所示。

图 3-3　虚拟终端窗口

在 shell 提示符终端输入命令，如图 3-3 所示。提示符列出了当前用户的登录名称、计算机的较短主机名、当前目录的名称（用方括号括起来），后跟 $ 提示符。如果以超级用户（root）身份运行 shell，$ 将替换为#，以便更明显地说明这是超级用户在工作。

用户可以从命令控制台、虚拟终端、远程客户端登录系统并执行命令。

2. 在命令行中启动图形工具

就像其他任何程序一样，可以从命令行启动包含图形界面的程序。例如，可以在一个图形虚拟终端窗口中的 shell 提示符下键入 firefox 命令来启动图形的 Web 浏览器。

示例：在命令行中启动 Firefox 浏览器。

```
[demo@ 365linux ~] $ firefox
```

但是，这种做法的缺点是只要图形程序仍然在运行，用于启动的 shell 提示符就会被占用而一直不可用，这种情况称为程序在前台运行。为了避免这种不便，可以在提示符下的命令行末尾处添加一个 &，以在后台启动程序。

示例：使用后台运行的方式在命令行中启动 Firefox 浏览器。

```
[demo@ 365linux ~] $ firefox &
```

Bash 还提供了通过 shell 提示符更改进程的运行方式（前台、后台）：

①在 Bash 中可以使用快捷键 Ctrl+C 终止前台进程。

②使用快捷键 Ctrl+Z 暂停前台进程并返回 shell 提示符。

③在终端中执行 jobs 命令列出与该 shell 相关联的在后台运行或已停止的进程。

④在终端中使用 fg 命令可以向前台发送作业。

⑤在终端中使用 bg 命令可以运行后台暂停的进程。

示例：进程的前后台切换：

①在前台打开 gedit 文件编辑器。

```
[demo@ 365linux ~] $ gedit
```

②按快捷键 Ctrl+Z 将进程暂停。

```
^Z
[1]+  Stoppedgedit
```

③查看该 shell 终端的后台或已暂停的进程。

```
[demo@ 365linux ~] $ jobs
[1]+  Stoppedgedit
```

④使用 bg 命令将进程在后台恢复运行。

```
[demo@ 365linux ~] $ bg 1
[1]+  gedit &
```

⑤使用 fg 命令将进程发送至前台，并使用快捷键 Ctrl+C 结束进程。

```
[demo@ 365linux ~]$ fg 1
gedit
^C
```

工作技巧

> 通常在 shell 终端提示符中运行的作业（非服务进程）是和该 shell 相关联的，当该 shell 终端被关闭时，运行的作业也会停止，这时可以使用 nohup 命令来取消这种关联性。

当出于某些原因需要以 root 用户身份运行图形程序，而 PolicyKit（普通用户特权获取机制管理）不支持以普通用户身份运行该图形程序时，在必要时进行 root 用户的授权（比如 Nautilus 文件管理器），那么需要在命令行下切换到 root 用户，然后在命令行中以 root 的身份打开该图形程序。

示例：以 root 用户身份打开 nautilus 文件管理器。

```
[demo@ 365linux ~]$ su-
密码：
[root@ 365linux ~]# nautilus &
[root@ 365linux ~]# exit
```

工作技巧

> 在命令中使用 su 命令切换用户后，如果想要回到之前的登录用户，则要使用 exit 命令退出当前用户，退回到之前的用户，而不能使用 su 命令反复切换。

3. 命令的格式

在 shell 提示符下面输入的命令由三部分组成：

command　　　[-options]　　　[parameter1]　　　[parameter2]　　…

　命令　　　　选项　　　　　　　　　　　参数

示例：执行 ls 命令，-l、-r 是短选项，--size 是长选项，/boot 是命令执行的参数。

```
[demo@ 365linux ~]$ ls -l --size -r /boot
```

Bash 命令至少有如下特点：

①一条命令必须以可执行的命令开头，以空格隔开；选项是可选的，但在大多数情况下被使用，以满足用户的功能定制要求；参数一般是命令要操作的对象，一条命令的参数可以是一个或多个，如果没有参数，则取命令参数默认值。输入完命令后，按 Enter 键执行。

②"-"后面接简写的选项（字母），可以把多个简写的选项串在一起，不过有时要注意顺序；长选项（由单词或单词缩写组成）用"--"分隔。选项也可以有自己的参数，如"--width=40"。

③命令中间的空格不论几格，Bash 都视为一格。当命令太长需要换行时，先输入"\"，再按 Enter 键，使用命令可以换行继续输入。

④Linux 命令严格区分大小写。

⑤在大部分情况下，对于命令执行的结果，"没有输出即为成功"。

⑥Tab 键补全命令和路径。

⑦Bash 具有历史记录功能。

⑧命令可以使用别名的形式。

⑨有大量的快捷键可以使用。

⑩有完善的帮助文档。

以下对 Bash 的部分重要功能做详细的解释：

（1）Tab 键补全命令功能

Tab 键补全允许用户在提示符下键入足够的内容，快速补全命令和文件名。如果键入的字符匹配到的命令或文件名不唯一，则按 Tab 键两次，以显示所有以键入的字符开头的命令或文件名的情况。Tab 键补全的功能可以提高命令的输入速度，并且可以判断输入的命令或文件名的正确性。

示例：使用两次 Tab 键显示出以 pas 开头的命令。

```
[demo@ 365linux ~] $ pas<Tab><Tab>
passwd      paste       pasuspender
```

示例：使用 Tab 键自动补全命令 passwd。

```
[demo@ 365linux ~] $ pass<Tab>
[demo@ 365linux ~] $ passwd
```

示例：使用 Tab 键自动补全路径。

```
[demo@ 365linux ~] $ ls /etc/sysco<Tab>/ipt<Tab>
[demo@ 365linux ~] $ ls /etc/sysconfig/iptables
```

（2）Bash 历史记录功能

shell 历史记录允许用户查看之前运行过的命令，并对其进行编辑或再次执行。使用 history 命令查看所有之前命令，或者使用上箭头和下箭头依次滚动浏览一个历史记录命令。历史记录命令的输出包含数字值。在感叹号（!）后面使用该数字可以再次运行该命令；在感叹号后面使用非数字值则运行最后一个以这些字符开头的命令。

示例：使用 history 命令显示当前会话所有的历史命令。

```
[demo@ 365linux ~] $ history
    1  su-
```

```
        2  cd
        3  firefox &
        4  su-
        5  history
```

示例：执行编号为 3 的历史命令 firefox &。

```
[demo@ 365linux ~]$ ! 3
```

（3）使用命令别名

对于一些较长的而又经常使用的命令执行格式或者命令组合，可以使用别名的方式进行定义，以减少反复较长的输入。使用 alias 命令可以显示和定义别名，使用 unalias 命令取消命令别名。除非将别名的定义写到用户的配置文件，否则，别名只在当前会话中有效。

示例：显示当前会话所有别名。

```
[demo@ 365linux ~]$ alias
alias l. ='ls-d. * --color=auto'
alias ll='ls-l--color=auto'
alias ls='ls--color=auto'
alias vi='vim'
alias which='alias |/usr/bin/which--tty-only--read-alias--show-dot--show-tilde'
```

示例：自定义别名 p2。

```
[demo@ 365linux ~]$ alias p2='ping-c 3 192.168.148.2'
[demo@ 365linux ~]$ p2
PING 192.168.148.2(192.168.148.256)84bytes of data.
64 bytes from 192.168.148.2:icmp_seq=1 ttl=128 time=0.112 ms
64 bytes from 192.168.148.2:icmp_seq=2 ttl=128 time=0.386 ms
64 bytes from 192.168.148.2:icmp_seq=3 ttl=128 time=0.141 ms
---192.168.148.2 ping statistics---
3 packets transmitted,3 received,0% packet loss,time 2000ms
rtt min/avg/max/mdev = 0.112/0.213/0.386/0.122 ms
```

示例：取消自定义的别名 p2。

```
[demo@ 365linux ~]$ unalias p2
[demo@ 365linux ~]$ p2
-bash:p2:command not found
```

工作技巧

用户常用的别名定义命令应该写到用户家目录下的 .bashrc 文件中，以保证每次用户登录都能使用该别名。

（4）命令的物理位置

Linux 命令分为两种类型：

内部命令：Bash 的内建命令，这些命令在 shell 启动时被加载到内存。

外部命令：内建命令之外的可执行程序，通常是由系统的组件或者应用程序安装提供。

通过 which 命令可以定位命令在系统中的真实路径。

示例：使用 which 命令定位 ls 命令的路径。

```
[demo@ 365linux ~]$ which ls
alias ls='ls--color=auto'
        /bin/ls
```

示例：使用 which 命令定位 history 命令，结果显示 history 并不存在于系统命令路径中，可见 history 命令是 Bash 内建的命令。

```
[demo@ 365linux ~]$ which history
/usr/bin/which:no history in(/usr/lib/qt-3.3/bin:/usr/local/bin:/bin:/usr/bin:\
/usr/local/sbin:/usr/sbin:/sbin:/home/demo/bin)
```

示例：显示 Bash 在系统中查找命令路径的环境变量。

```
[demo@ 365linux ~]$ echo $PATH
/usr/lib/qt - 3.3/bin:/usr/local/bin:/bin:/usr/bin:/usr/local/sbin:/usr/sbin:/sbin:/
home/demo/bin
```

（5）Bash 命令行的快捷键

RHEL 系统 Bash 命令行环境有大量的快捷键可以使用，方便操作。这里仅列出常用的快捷键，见表 3-1。

表 3-1 Bash 快捷键

快捷键	功能
Ctrl+C	非常规中断，中止前台进程，例如：中断命令 cat /dev/zero
Ctrl+D	输入完成的正常信号，例如：命令 wc 和 at 的操作
Ctrl+Z	将前台进程转至后台并暂停运行。使用 fg 指令将进程从后台恢复至前台运行，使用 bg 指令则让进程在后台运行
Ctrl+L	清屏，等同于命令 clear
Ctrl+U	删除当前行
Ctrl+H	删除光标前一个字符
Ctrl+W	清除光标之前的字符串
Ctrl+K	清除光标之后的字符串
Ctrl+A	将光标移动到命令行的行首
Ctrl+E	将光标移动到命令行的行尾

续表

快捷键	功能
Ctrl+R	从历史命令中找含有键入字符的命令
Alt+B	将光标往前移动一个字符串
Alt+F	将光标往后移动一个字符串
Ctrl+Y	恢复快捷键 Ctrl+W 或 Ctrl+K 清除的内容
Ctrl+B	将光标往前移动一个字符
Ctrl+F	将光标往后移动一个字符
Ctrl+X	在光标所在位置与行首切换
Alt+.	补全之前输入过的参数
Alt+U	换成大写
Ctrl+S	锁住终端输出
Ctrl+Q	解锁终端

工作技巧

在某些情况下（比如使用 cat 命令查看了不能直接打开的文件），会导致终端显示乱码并无法正常输入，则可以盲打 reset 命令进行终端复原。

4. 获得命令的帮助信息

只了解命令单一的作用是不够的。为了有效地使用命令，还需要了解每个命令可以接受哪些选项和参数，以及命令希望如何排列这些选项和参数（命令的语法）。一个完整的系统里包含了数千个命令，而每个命令都有自己众多不同的选项和参数，这样庞大繁多的命令用法极大地体现了 Linux 命令行的灵活性，同时也增加了使用者的学习和应用难度。

然而几乎所有的命令和配置文件的语法格式与用法都有帮助文档。可以通过以下几种方式获得帮助信息：

①使用命令-h（--help）或者-? 来获得命令使用的规范、选项和参数的信息。

②使用 man 来获得命令的使用手册。

③使用 pinfo 读取文档。

④查看/usr/share/doc 中的文档。

（1）--help 帮助输出

大多数命令都有-h（有的-h 命令有其他特定的功能，则只能使用--help 命令）的帮助选项，执行命令的该选项时，会在终端输出简洁的帮助信息。

示例：使用--help 命令获取 ls 命令的帮助信息。

```
[demo@ 365linux ~] $ ls--help
Usage:ls [OPTION]...[FILE]...
List information about the FILEs(the current directory by default).
Sort entries alphabetically if none of-cftuvSUX nor--sort.
Mandatory arguments to long options are mandatory for short options too.
  -a,--all             do not ignore entries starting with.
...
```

关于帮助输出的几个基本惯例：

①方括号（［　］）中的任何内容都为可选。

②省略号（…）表示此字符串可以任意长度列表。

③以竖线（｜）分隔的多个选项，表示可以选择其中任意一项。

④尖括号（＜＞）中的文本表示必须出现变量数据。因此，<filename>表示"在此插入要使用的文件名"。

（2）使用 man 读取帮助文档

Linuxman 手册提供了比 help 输出更为详尽的帮助文档，类似于一本分成许多章节的大型书籍。用户可以通过在终端执行 man 命令来输出相关命令或文件的帮助文档信息。终端以每次一个屏幕的形式显示内容，并可通过键盘命令来控制导航 man 手册。man 导航按键命令见表 3-2。

表 3-2　导航 man 手册

按键/命令	结果
空格键	向前滚动一个屏幕
方向键下或 J	向前滚动一行
方向键上或 K	向后滚动一后
/string	在 man 手册中向前搜索 string
n	在 man 手册中重复之前的向前搜索
N	在 man 手册中重复之前的向后搜索
q	退出 man 并返回到终端提示

示例：查看 ls 命令的 man 手册。

```
[demo@ 365linux ~] $ man ls
LS(1)           User Commands           LS(1)
NAME
     ls-list directory contents
SYNOPSIS
     ls [OPTION]...[FILE]...
DESCRIPTION
...
```

（3）man 文件主要包括的内容（各命令可能有区别）

NAME：程序名和简介。

SYNOPSIS：命令的格式，显示所有的选项和参数。

DESCRIPTION：命令功能的描述和选项的详解。

OPTIONS：所有选项清单和描述。

EXAMPLES：用法示例。

AUTHOR：作者。

REPORTING BUGS：报告 bug。

CCOPYRIGHT：许可证。

SEE ALSO：相关内容。

man 手册分为多个章节，所以可能会出现相同名称的多个帮助文档内容。为了区分不同的 man 手册，在编写对 man 手册的引用时，通常在 man 手册的名称后面添加手册的章节号并用括号括起来。比如，用户命令 passwd 的帮助文档是 passwd(1)，存储本地用户信息的配置文件/etc/passwd 的帮助文档是 passwd(5)。

关于 man 手册的章节，可以通过 man man 来查看相关信息，见表 3-3。

表 3-3　man 手册的章节

章节	man 手册类型
1	用户命令
2	内核系统调用（从用户空间到内核的进入点）
3	库函数
4	特殊文件和设备
5	文件格式和规范
6	游戏
7	规范、标准和其他页面
8	系统管理命令
9	Linux 内核 API（内核调用）

man 命令会按特定顺序搜索手册中的各节，并显示找到的第一个匹配项，例如 man passwd 默认情况下将显示 passwd(1)。要找到特定节中的 man 手册，则必须在命令行中以参数的形式指定节号，例如 man 5 passwd 将显示 passwd(5)。

示例：查看/etc/passwd 配置文件的帮助文档。

```
[demo@ 365linux ~] $ man 5 passwd
```

可以使用 man-k keyword 对 man 手册执行关键字搜索，这将产生一个相关 man 手册的列表，包括对应的章节。

```
[demo@ 365linux ~] $ man-k passwd
chpasswd                       (8)  -update passwords in batch mode
fgetpwent_r [getpwent_r] (3)  -get passwd file entry reentrantly
getpwent_r                     (3)  -get passwd file entry reentrantly
gpasswd                        (1)  -administer /etc/group and /etc/gshadow
htpasswd                       (1)  -Manage user files for basic authentication
kpasswd                        (1)  -change a user's Kerberos password
lpasswd                        (1)  -Change group or user password
lppasswd                       (1)  -add,change,or delete digest passwords
pam_localuser                  (8)  -require users to be listed in /etc/passwd
pam_passwdqc                   (8)  -Password quality-control PAM module
passwd                         (1)  -update user's authentication tokens
passwd2des [xcrypt]            (3)  -RFS password encryption
passwd                         (5)  -password file
...
```

NOTE

关键字搜索需要使用 makewhatis 命令更新数据库，通常系统每天会自动运行更新。

（4）使用 pinfo 读取文档

GNU Project 开发的软件使用 info 系统来提供其部分文档，info 文档通常以书籍的形式提供，其由包含超链接的 info 节点组成。此格式比 man 手册更加灵活，允许对复杂命令和概念进行更加彻底的说明。在某些情况下，某个命令同时存在相应的 man 手册和 info 文档，大多数情况下，info 文档的信息更加详细。

示例：比较 tar 的 man 手册和 info 文档。

```
[demo@ 365linux ~] $ man tar
[demo@ 365linux ~] $ pinfo tar
```

（5）/usr/share/doc 中的文档

对于在 man 手册、info 手册或者 GNOME 帮助中，实用程序都不能找到相关帮助文档，则可以在系统目录/usr/share/doc 中查找。许多应用程序和系统命令的帮助文档位于该目录下的 RPM 软件包命令的子目录中。

示例：查看 mdadm.conf 配置文件的示例文件。

```
[demo@ 365linux ~] $ less/usr/share/doc/mdadm-3.2.6/mdadm.conf-example
```

任务二 使用命令行完成系统任务

1. 从命令行管理文件

Linux 文件系统具有层次结构,其组织方式采用"倒树"模型。顶级目录称为根目录(/目录),是整个文件系统层次结构的起点,而根分区挂载到/目录。要在系统中指定文件的位置,可以指定该文件的绝对路径(从根目录到各级子目录到文件),或者使用相对路径(从当前工作目录到其下的各级子目录到文件)。

命令行中文件的路径,如:/usr/share/doc,位于最前面的/表示根目录,即绝对路径的起点,之后的/则表示路径中目录的分隔符。

NOTE

在某些系统或说法中,经常将根目录(/目录)称作文件系统层次结构的 root(这里的 root 表示根的意思),而系统中存在的/root 目录是管理员用户 root 的家目录,容易造成混淆,一定要理解清楚。

(1)切换工作路径

示例: 使用 pwd 命令查看当前的工作目录。

```
[demo@ 365linux ~]$ pwd
/home/demo
```

示例: 使用 cd 命令切换工作目录。

使用绝对路径方式进入 doc 目录。在命令行中,绝对路径作为参数一定是从根目录(/)开始,依次连接各级子目录。切换到目标目录后,终端提示符会改变为当前目录的简写。

```
[demo@ 365linux ~]$ cd /usr/share/doc/
[demo@ 365linux doc]$
```

使用相对路径方式进入当前 doc 目录下的 zip-3.0 目录。在命令行中,使用相对目录,即相对于当前的工作目录。使用相对目录时,要省略目录前的路径分隔符,否则,会和绝对路径产生混淆。示例中的 zip-3.0 等同于/usr/share/doc/zip-3.0。

```
[demo@ 365linux doc]$ cd zip-3.0/
[demo@ 365linux zip-3.0]$
```

返回上一级目录,参数".."表示上一级目录;"."表示当前目录。

```
[demo@ 365linux zip-3.0]$ cd..
[demo@ 365linux doc]$
```

快速返回当前用户的家目录，参数"~"表示当前用户的家目录。"~zhangsan"表示用户 zhangsan 的家目录。

```
[demo@ 365linux doc] $ cd ~
[demo@ 365linux ~] $ pwd
/home/demo
```

快速进入上一次工作目录。参数"–"表示切换到当前目录之前的目录。

```
[demo@ 365linux ~] $ cd-
/usr/share/doc
[demo@ 365linux doc] $
```

（2）查看目录文件列表

在 Linux 系统中，一个基本原则是"一切皆文件"，包括硬件设备。这样，通过简单工具即可完成某些功能非常强大的操作。根据文件的特点，Linux 系统将文件分为七种类型：

①-：一般文件。

②d：目录。

③l：链接文件。

④b：块设备文件。

⑤c：字符设备文件。

⑥s：套接字文件。

⑦p：管道文件。

符号或字母是在命令行中的标识符。

示例：用 ls 命令查看文件列表并显示文件属性（包括类型）。

```
[demo@ 365linux ~] $ ls -l /boot
总用量 26149
-rw-r--r--.1 root root  109953 11 月 11 11:26 config-2.6.32-431.el6.i686
drwxr-xr-x.3 root root    1024 3 月  5 03:02 efi
```

ls –l 命令产生的效果等同于 ll 命令，ll 是该命令用法别名。ll 命令列出的文件属性包含七个字段，分别是文件类型及文件权限、连接数、拥有者、所属组、文件大小、文件最近修改时间、文件名。

示例：在 Bash 命令中使用通配符"*"来匹配目录或文件名的引用。

```
[demo@ 365linux ~] $ ls /etc/a* .conf
/etc/asound.conf  /etc/autofs_ldap_auth.conf
```

（3）查找系统文件

示例：使用 find 命令查找系统文件。

```
[demo@ 365linux ~] $ find /home/demo-name * bash*
/home/demo/.bash_history
/home/demo/.bash_logout
```

```
/home/demo/.bashrc
/home/demo/.bash_profile
```

（4）文件的基本操作

示例：目录和文件的基本操作命令。

在用户的家目录中创建一个新的文件夹 test03。

```
[demo@ 365linux ~]$ mkdir test03
```

进入刚刚创建的新目录 test03，创建一个空文件 hello.txt。

```
[demo@ 365linux ~]$ cd test03/
[demo@ 365linux test03]$ touch hello.txt
```

查看文件的类型。

```
[demo@ 365linux test03]$ ll hello.txt
-rw-rw-r--.1 demo demo 0 3月  17 18:13 hello.txt
```

建立 hello.txt 的软链接文件。

```
[demo@ 365linux test03]$ ln-s hello.txt  ln_hello.txt
[demo@ 365linux test03]$ ll
总用量 0
-rw-rw-r--.1 demo demo 0 3月  18 08:34 hello.txt
lrwxrwxrwx.1 demo demo 9 3月  18 08:35 ln_hello.txt-> hello.txt
```

在 Linux 系统中，软链接文件即指向目标文件的快捷方式，但源文件被删除时，软链接则成为一个失效的文件。除了软链接文件外，Linux 系统还支持硬链接文件（同样使用 ln 命令创建，不使用-s 选项）。

删除该文件和链接文件。

```
[demo@ 365linux test03]$ rm hello.txt
[demo@ 365linux test03]$ ll
总用量 0
lrwxrwxrwx.1 demo demo 9 3月  18 08:35 ln_hello.txt-> hello.txt
[demo@ 365linux test03]$ rm ln_hello.txt
[demo@ 365linux test03]$ ls
```

复制一个文件到当前工作目录。

```
[demo@ 365linux test03]$ cp /etc/man.config./
[demo@ 365linux test03]$ ls
man.config
```

创建一个新的目录 test04，并将当前目录中的 man.config 移动到 test04 目录中。

```
[demo@ 365linux test03]$ mkdir test04
[demo@ 365linux test03]$ mv man.config test04/
```

```
[demo@ 365linux test03] $ ls
test04
[demo@ 365linux test03] $ ls test04/
man.config
```

进入 test04 目录，查看当前绝对路径。

```
[demo@ 365linux test03] $ cd test04/
[demo@ 365linux test04] $ pwd
/home/demo/test03/test04
```

返回上一级目录，删除含有文件的目录 test04。

```
[demo@ 365linux test04] $ cd..
[demo@ 365linux test03] $ rm-rf test04
[demo@ 365linux test03] $ ls
```

回到上一级目录，并删除空目录 test03。

```
[demo@ 365linux test03] $ cd..
[demo@ 365linux ~] $ rmdir test03/
```

工作技巧

rm-rf 命令会强制删除一切它的目标目录下的所有内容，所以要谨慎使用，特别是在 root 用户使用时。

NOTE

关于 Linux 文件系统、文件类型、权限等概念会在后面的章节中提及。

2. 设置系统时间和时区

示例：使用 date 命令查看当前的时间。

```
[demo@ 365linux test03] $ date
2014 年 03 月 18 日   星期二 08:42:51 CST
```

示例：使用 date 命令设置时间。

```
[root@ 365linux ~]# date-s "2014/03/18 08:45:00"
2014 年 03 月 18 日   星期二 08:45:00 CST
```

示例：修改系统的时区。

```
[root@ 365linux ~]# ln-sf /usr/share/zoneinfo/Asia/Shanghai /etc/localtime
```

另外，建议同时修改配置文件/etc/sysconfig/clock 的内容为 ZONE = "Asia/Shanghai"。

工作技巧

> 使用 date 命令查看和修改的是系统时间，而在系统内部还有另外一个时间概念——硬件时钟，Linux 系统重启后，时间会与硬件时钟保持同步，所以修改系统时间，同时也要修改硬件时钟。在命令行中使用 hwclock 命令可以查看和设置硬件时钟。

3. 退出、关闭系统

示例：使用 poweroff 命令关闭 Linux 系统。

```
[root@ 365linux ~]# poweroff
```

在 Linux 系统中，有多种方式可以实现关机或重启。可以使用 poweroff、shutdown、halt、init 命令关机；使用 shutdown、halt、init、reboot 命令可以实现系统重启。关机命令之间可以互相调用，并且对于关闭系统和关闭电源，不同的系统版本使用的命令存在差异。一般情况下，建议使用 poweroff 关机，使用 reboot 重启。

任务三　Bash 命令行重要的高阶功能

1. 管道

在 Linux 系统中，管道允许用户将标准输出信息从程序连接至一个程序的输入，这样可以将多个程序（命令）连接成一个管道，后一个程序的作用对象即为前一个程序的输出结果。

RHEL 系统使用竖线"｜"连接程序管道操作。

示例：ls 命令列出/usr/lib 目录下的所有文件，其结果并不直接显示到屏幕输出，而是通过管道发送到下一个命令 grep，通过 grep 命令过滤出结果中文件名含有"jpeg"的文件。

```
[demo@ 365linux ~]$ ls /usr/lib/ |grep "jpeg"
```

示例：用 find 命令找到/var 目录中大小超过 1 MB 的文件，将结果用 grep 过滤出文件路径中包含 cache 的文件，再将文件列出结果交给 wc 统计行数，最终得到/var/目录中大小超过 1 MB 且与 cache 有关的文件有多少个。

```
[root@ 365linux ~]# find /var-size+1MB |grep "cache" |wc-l
```

2. I/O 重定向

Linux 命令行 I/O 重定向允许用户将标准输出或错误输出从程序发送至文件，以进行保存或屏蔽在终端的输出显示。重定向还支持反过来将文件内容读取至命令行程序。关于 I/O 重定向的定义，见表 3-4。

表 3-4　标准输入/输出

名称	说明	编号	默认
STDIN	标准输入	0	键盘
STDOUT	标准输出	1	终端
STDERR	标准错误	2	终端

示例：将 date 命令的标准输出重定向到文件，该操作会覆盖文件原来的内容。

```
[demo@ 365linux ~] $ date > file
[demo@ 365linux ~] $ cat file
2014 年 03 月 19 日 星期三 12:21:43 CST
[demo@ 365linux ~] $ date > file
[demo@ 365linux ~] $ cat file
2014 年 03 月 19 日 星期三 12:21:56 CST
```

示例：使用重定向功能合并文件。

```
[demo@ 365linux ~] $ echo "1"> file1
[demo@ 365linux ~] $ echo "2"> file2
[demo@ 365linux ~] $ cat file1 file2 > file3
[demo@ 365linux ~] $ cat file3
1
2
```

示例：使用追加模式（不覆盖）将标准输出重定向到文件。

```
[demo@ 365linux ~] $ date >> test.txt
[demo@ 365linux ~] $ date >> test.txt
[demo@ 365linux ~] $ ls >> test.txt
[demo@ 365linux ~] $ cat test.txt
2014 年 03 月 19 日 星期三 12:27:00 CST
2014 年 03 月 19 日 星期三 12:27:07 CST
a
b
c
...
```

示例：将标准错误输出重定向到文件（覆盖）。

```
[demo@ 365linux ~] $ ls /boot /root 2> file
```

示例：将标准错误输出重定向到文件（追加）。

```
[demo@ 365linux ~] $ ls /boot /root 2>> file
```

示例：将标准错误输出重定向到设备文件/dev/null，作用是丢弃错误。

```
[demo@ 365linux ~]$ ls /xyzabc 2> /dev/null
```

示例：将标准输出和标准错误输出组合，重定向到文件。

```
[demo@ 365linux ~]$ ls /boot /xyzabc  >file  2>&1
或者:
[demo@ 365linux ~]$ ls /boot /xyzabc &> file
```

示例：使用标准输入作为 cat 命令的处理对象（效果等同于使用参数方式）。

```
[demo@ 365linux ~]$ cat < file
```

示例：将文件 file 的内容读取出来，重定向到 test 文件。

```
[demo@ 365linux ~]$ cat > test < file
```

示例：将键盘输入的内容重定向到 file03 文件，直到用户输入"EOF"结束输入。

```
[demo@ 365linux ~]$ cat > file03 << EOF
> 1234
> abcd
> EOF
[demo@ 365linux ~]$ cat file03
1234
abcd
```

3. 正则表达式

正则表达式是用来搜索和匹配文本模式的特殊字符串，依赖于特定的 Linux 命令行工具工作，比如 less、man、vim、locate、grep、sed、awk 等。多用于脚本中批量处理。

示例：匹配文件中以 b 开头的行，这里的"^"是正则表达式，表示行首。

```
[demo@ 365linux ~]$ grep'^b'/etc/passwd
```

NOTE

正则表达式将在 shell 脚本编程中详细介绍。

4. 编写 Bash 脚本

Linux Bash 除了能够在终端中进行交互执行命令外，还可以通过编写 shell 脚本完成自动化、批处理的任务。shell 脚本实际上就是按语句序列执行的命令组合的文本文件，当然，在 Bash 中提供了很多的编程结构，比如判断、循环、函数等。

示例：查看本网段哪些 IP 可以 ping 通。

```
[demo@ 365linux ~]$ vim ping.sh
#! /bin/bash
#Name :ping.sh
#Last revision date :2014-01-07
#usage :./ping.sh
#Evironment
Net="192.168.1"
#script start
for i in  {1..254}
        do
            (
            ping-c 1 $Net.$i &>/dev/null
            if [ $? -eq 0 ];then
                    echo "$i is up."
            fi
            )&
        #wait
        done
```

Linux 具有强大的命令行功能，命令行具有简洁高效、功能全面、传输数据量小等特点，在系统管理中发挥巨大的作用。即使操作系统图形界面日益成熟，对于服务器系统而言，命令行功能一直被保留下来，并得到加强。

对于 Linux 命令行的学习，不能死记硬背命令的语法或用法示例，而要掌握 Linux 命令的书写规范，理解每条命令背后的逻辑、原理和命令执行后产生的效果。至于命令的用法，则要通过帮助文档、手册获得其相关的选项、参数的意义。对于常用的命令，则能熟能生巧，举一反三。

对于初学者而言，命令的使用往往成为入门的门槛，觉得生涩难懂而又难以记忆。其实不然，对于命令的学习，不要跳脱应用而单一地对命令选项、参数、用法去练习、记忆，而应该从实用的角度，在进行具体的系统管理操作时，进行命令的学习。比如，知道了在图形界面下的文件管理、时间配置、退出登录关闭系统，那么在命令行下如何控制实现这些操作呢？再如，以后在用户管理中，如何使用命令行添加、删除用户等，从而自然而然地完成对于命令的学习。学习 Linux 系统管理不是学习命令，命令只是基本单元，只是工具，利用系统命令完成系统管理的任务才是目的。

项目四
vi 编辑器

【任务描述】

编辑器是编写或修改文本文件的重要工具之一，在各种操作系统中，编辑器都是不可缺少的部件。Linux 操作系统中，系统和应用的配置大多需要通过修改配置文件来进行设置，所以编辑器的使用频率高，更显得重要。熟练掌握 Linux 编辑器的用法，可以极大地提高工作效率。为方便各种用户在各个不同的环境中使用，提供一系列的编辑器，如 vim、emacs、pico、nano、gedit 等。每种编辑器都有各自的特性，在不同的工作环境中根据自己的需求进行选择。

vim（vi improved）是一种强大的文本编辑器，支持复杂的文本操作。相对图形界面的 gedit 编辑器，vim 可以很方便地在命令行中使用，并且在任何 Linux 系统中始终可用。

vim 是 vi 的高级版本，提供更多的功能，比如自动格式、语法高亮等。当系统中无法使用 vim 时，依然可以使用 vi 命令代替，用法相同。

NOTE

在大多数采用最小化安装的 Linux 系统上，vim 默认是不被安装的，但可以使用 vi，也可以额外安装 vim 编辑器。

【学习目标】

1. 使用 vim 高效地编辑文本文件。
2. vim 三种模式的切换和使用。

任务一　在命令行中使用 vim 编辑器

在命令行终端使用 vim 命令启动 vim 编辑器。

示例：使用 vim 打开 filename. txt 文件，如果文件不存在，则保存后创建一个新文件。

```
[demo@ 365linux ~] $ vim filename
```

1. vim 的三种模式

（1）命令模式

打开 vim 编辑器，即进入命令模式（也称一般模式）。通过键盘命令，对文档进行复制、粘贴、删除、替换、移动光标、继续查找等操作。该模式也是编辑模式和末行模式切换的中间模式，可以通过 Esc 键返回命令模式。

（2）编辑模式

也称插入模式，用于对文档进行添加、删除、修改等操作。在编辑模式中，所有的键盘操作（除了退出编辑模式键）都是输入或删除的操作，所以，在编辑模式下没有可用的键盘命令操作。

（3）末行模式

进入末行模式，将光标移动到屏幕的底部，输入内置的指令，可执行相关的操作，如文件的保存、退出、定位光标、查找、替换、设置行标等。

2. 三种模式之间的切换

三种模式之间的切换如图 4-1 所示。

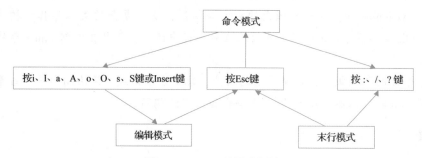

图 4-1 vim 三种模式切换

三种模式切换按键详细说明如下：

（1）进入编辑模式的按键（表 4-1）

表 4-1 进入编辑模式按键

按键	功能
i	从光标所在位置前面开始插入文本，同 Insert 键
I	从光标所在行的行首开始插入文本
a	从光标所在位置后面开始插入文本
A	从光标所在行的行尾开始插入文本
o	在光标所在行下方新增一行并插入文本

按键	功能
O	在光标所在行上方新增一行并插入文本
s	删除光标所在字符并开始插入文本
S	删除光标所在行并开始插入文本

（2）进入末行模式的按键（表4-2）。

表4-2　进入末行模式的按键

按键	功能
:	在后面接要执行的命令
/	在后面接要搜索的字符串，从光标位置开始向下搜索，按 n 键重复前一个搜索动作，按 N 反向重复前一个搜索动作
?	在后面接要搜索的字符串，从光标位置开始向上搜索，按 n 键重复前一个搜索动作，按 N 反向重复前一个搜索动作

NOTE

　　不能从编辑模式直接进入末行模式，也不能从末行模式进入编辑模式，两者之间的转换必须先按 Esc 键退出到命令模式，然后再通过相关的命令按键切换。

3. 退出 vim 编辑器

要退出 vim 编辑器，需要进入末行模式并执行退出命令。在命令模式下，按：键进入末行模式，在末行模式下输入相关的命令，见表4-3。

表4-3　退出 vim 编辑器的命令

命令	功能
q	没有对文档做过修改，退出
q!	对文档做过修改，强制不保存退出
wq 或 x	保存退出。可以添加!表示强制保存退出
ZZ	若文档没有修改，则不保存退出；若文档已经修改，则保存后退出

4. vim 命令模式下的常用操作

在 vim 编辑器命令模式下，有着大量方便、快捷的键盘命令，用来控制光标、操作文本。使用 vim 的键盘命令，可以使用户的双手不离开主键盘区域，不使用鼠标，就能实现光标移动、复制、粘贴、删除等操作，从而极大地提高工作效率。

以下列出命令模式下常用的操作命令：

（1）光标移动

常用光标移动命令见表4-4。

表4-4 光标移动命令

命令（n表示数字）	功能
h/j/k/l	光标向左/下/上/右移动一个字符
nj	向下移动n行（可以是nh/nk/nl）
Ctrl+f/b/d/u	屏幕向下/上移动一页（半页）
n<Space键>	光标向后移动n字符
n<Enter键>	光标向下移动n行
H/M/L	光标移动到屏幕上方/中央/下方
+/-	光标移动到非空格符的下/上一行
0或者^	光标移动到行首
$	光标移动到行尾
gg	光标移动到文件的第一行
G	光标移动到文件的最后一行
nG	光标移动到文件的第n行

（2）删除、复制与粘贴

常用的删除、复制与粘贴命令见表4-5。

表4-5 删除、复制与粘贴命令

命令	功能
x/X/nx	向后/前删除1（n）个字符
dd/ndd	删除光标所在的行/向下删除n行
d1G/dgg	删除光标位置到第一行所有数据
dG	删除光标位置到最后一行所有数据
d0/d $	删除光标位置到该行行首/尾
cw/ncw	更改光标位置的1（n）个字符串
yy/nyy	复制光标所在1（向下n）行
y1G/ygg	复制光标位置到第1行（所有行）
yG	复制光标位置到最后一行数据
y0/y $	复制光标位置到该行行首/尾

续表

命令	功能
yw/nyw	复制光标位置1（n）个字符串
p/P	粘贴到光标位置下/上一行

（3）替换

替换命令见表4-6。

表4-6 替换命令

命令	功能
r	仅替换一次光标所在的字符
R	一直替换光标所在字符，直到按 Esc 键

（4）其他

其他命令模式下常用的命令见表4-7。

表4-7 其他命令模式常用命令

命令	功能
u	撤销前一个操作
U	撤销一行内的所有改动
Ctrl+r	重做上一个操作
J	合并光标所在行与下一行

5. vim 末行模式下的常用操作

在 vim 末行模式下，除了最常用的保存、退出等命令外，还有更多的命令组合用于完成复杂的文本操作。

以下列出末行模式下常用的操作命令：

（1）搜索替换

搜索替换的命令见表4-8。

表4-8 搜索替换命令

命令	功能
n1, n2s/word1/word2/g	将从 n1 行到 n2 行之间的 word1 替换为 word2，如无 g，则只替换第一个匹配
1, $ s/word1/word2/gc	将从第一行到最后一行之间的 word1 替换为 word2，c 表示每次替换确认
%s/^/word2/g	在整个文件的每行行首插入 word2
%s/ $ /word2/g	在整个文件的每行行尾插入 word2

续表

命令	功能
%/var/char-&/g	在整个文件中匹配到 var 后替换为 char-var，& 指代匹配的结果，可能为正则匹配的多种结果

（2）其他

其他末行模式常用命令见表 4-9。

表 4-9　其他末行模式常用命令

命令	功能
w/w!	保存文件/强制保存文件
w filename	另存为 filename
n1，n2 w filename	将文件的第 n1 行到第 n2 行另存到 filename
r filename	读取另外的文件到正在编辑的文件
!command	暂时离开 vi 执行命令
r!command	把命令的输出插入当前
sh	转到 shell，输入"exit"返回
e!	将文件还原
set nu/set nonu	设置行号/取消行号
set autoindent	设置自动对齐格式（取消 set noautoindent）
set ruler	设置在屏幕底部显示光标所在的行列位置
set ignorecase	忽略正则表达式中大小写
nohlsearch	取消搜索到的关键字的高亮显示

NOTE

在末行模式下输入命令时，可以用 Tab 键自动补全，也可以使用 help 命令获得相关帮助。

任务二　vim 编辑器的其他操作

（1）块操作

在命令模式键入"v"，则进入块操作。移动光标选定操作块；按 y 键复制；按 c 键剪切；按 p 键粘贴。

（2）分隔窗口

可以在一个 vim 编辑器当前窗口中并排打开多个文件。

示例：使用水平分隔窗口命令同时水平排列打开文件 file1. txt 和 file2. txt。

```
[demo@ 365linux ~] $ vim-o file1.txt file2.txt
```

示例：使用垂直分隔空口命令同时垂直排列打开文件 file1. txt 和 file2. txt。

```
[demo@ 365linux ~] $ vim-O file1.txt file2.txt
```

窗口移动快捷键：Ctrl+W。

（3）vim 文件恢复

使用 vim 编辑器编辑一个文件 test. txt 时，会在文件所在目录产生一个临时文件，文件名为 test. txt. swp，这是一个隐藏文件。在 vim 编辑器中所做的操作会暂时存在该文件内。

如果在文件编辑过程中 vim 非正常关闭，那么重新打开 vi test. txt 时，系统会提示发现交换文件 test. txt. swp，可能的原因是：

①有另一个程序也在编辑该文件。

②上次编辑此文件时崩溃。

这时可以按 O 键只读打开，或 R 键进行修复，或 E 键直接编辑，或 Q 键退出。

手动删除 test. txt. swp 文件后，则不会再出现该提示。

NOTE

> 在对系统的关键性配置文件进行编辑修改时，强烈建议先做好原始文件的备份，因为 vim 编辑器对文件完成修改并保存后是无法恢复的。

vim 编辑器是 Linux 系统中最常用的命令行工具。其看似繁多的操作命令其实有规律可循，记住几个基础指令，其他的多为基础指令的组合，可以在此基础上举一反三。

项目五
用户和组

【任务描述】

　　技术部来了一位新的同事，系统管理员需要在服务器中为该员工添加一个新的用户账号，以方便该员工使用自己的账号登录到服务器，进行文档存取或开发相关的工作。

【学习目标】

1. 了解用户的基本概念、Linux 系统用户类型。
2. 使用命令行工具查看、添加、修改、删除用户。
3. 理解添加用户时系统的实现过程。
4. 了解组的基本概念；了解添加和删除组操作。

任务一　使用命令行工具添加用户

　　Linux 系统是一个真正意义上的多用户多任务的系统，这就意味着在系统的机制上存在着多种不同的用户，对应不同的权限和功能。系统中的用户可以是一个对应真实物理用户的账号，也可以是特定应用程序使用的身份账号。Linux 系统通过定义不同的用户，来控制用户在系统中的权限。系统的每个文件都设计成属于相应的用户和组，不同的用户则决定了其对系统内哪些文件是否可以访问、写入或执行。

　　在 Linux 中，有三种不同的用户类型：root（也称管理员账户、超级用户或根用户）、普通用户和系统用户。

　　root 用户是系统内置的管理员用户，拥有系统最大权限，可以完全访问和操作系统的所有文件。正因如此，在使用系统时，通常不建议使用 root 用户登录系统，只有在需要管理员权限时才由普通用户切换到管理员。

　　如果在安装系统时安装了图形界面，那么在第一次启动的时候会被要求创建一个普通用户，这个用户被用来登录和使用系统。普通用户默认情况下只能对自己的家目录下的文件和文件夹进行修改或删除的操作，从而最大限度地控制了对系统的损害。如果在安装系统时没有安装图形环境，也应在进入系统时手动创建一个普通用户，用于平常登录使用。

系统用户类似于普通用户，不同之处在于系统用户通常没有自己的家目录，也不能登录到系统，仅用来控制应用程序的运行。系统用户一般由系统自带应用或其他服务程序的软件包安装时创建。

在 Linux 的设计中，每个用户都有一个对应的组，组即是多个（含一个）成员用户为同一目的组成的组织，组内的成员对属于该组下的文件拥有相同的权限。默认情况下，Linux 用户拥有自己的私人组（usr private group，UPG），当一个新用户被创建时，同时会创建一个和用户名相同的用户私人组。

1. 使用 useradd 命令创建用户

用法：useradd［options］user_name

常用选项：

-u UID：为新用户指定一个 UID（不使用系统默认按顺序分配的），使用-r 强制建立系统账号（小于/etc/login. defs 上 UID_MIN），使用-o 允许新用户使用不唯一的 UID。

-g GROUP：为新用户指定一个组（指定的组必须存在）。

-G GROUPS：为新用户指定一个附加组。

-M：不创建用户的家目录（默认创建）。

-m：为新用户创建家目录。使用-k 选项将 skeleton_dir 内的档案复制到家目录下。

-c：为新用户进行说明注释（/etc/passwd 的说明栏）。

-d：为新用户指定家目录。默认值为 default_home 内的 login 名称。

-s：为新用户指定登录后使用的 shell。

-e：为新用户指定账号的终止日期。日期的指定格式为 MM/DD/YY。

-f：用户账号过期几日后永久失效。当值为 0 时，账号立刻失效，-1 时关闭此功能。默认关闭。

示例：使用命令创建新用户。

```
[demo@ 365linux ~]$ su-
密码：
[root@ 365linux ~]# useradd user01
```

创建用户的操作需要管理员权限，如果以普通用户登录系统，则首先要切换到管理员用户。

示例：创建新用户，使用自定义选项。

```
[root@ 365linux ~]# useradd-u 1000-c "ftp user"-s /sbin/nologin user02
```

工作技巧

最好给每个账号添加注释说明（使用-c），否则，时间长了，可能会忘记每个用户的用途。

2. 使用 passwd 命令设置用户密码

用法：passwd［options］user_ name

常用选项：

-l：锁定指定的账号。

-u：解锁指定的被锁定的账号。

-n：指定密码最短时间。

-x：指定密码最长时间。

-w：指定密码过期前的警告天数。

-i：指定密码过期后，账号失效前的天数。

-S：报告指定用户密码的状态。

-stdin：从标准输入读入密码，常用于 shell 脚本。

示例：为用户设置密码。

```
[root@ 365linux ~]# passwd user01
更改用户 user01 的密码。
新的密码：
重新输入新的密码：
passwd：所有的身份验证令牌已经成功更新。
```

NOTE

root 可以修改任何用户的密码，普通用户仅可以修改自己的密码。

3. 系统添加用户过程解释

在管理员使用 useradd 命令创建新用户，并使用 passwd 命令为用户设置密码的过程中，操作系统对应发生了如下变化：

在系统用户信息存储文件/etc/passwd 中添加新用户的信息，可以使用 cat 命令查看：

```
[root@ 365linux ~]# cat /etc/passwd
root:x:0:0:root:/root:/bin/bash
bin:x:1:1:bin:/bin:/sbin/nologin
…
user01:x:502:502::/home/user01:/bin/bash
```

在/etc/passwd 文件中，每一行对应一个用户的属性信息。新创建的用户被追加在最后一行。每一行用 "：" 分割成 7 个字段，每个字段的意义是：

①Account：用户名。

②Password：用户密码。因为/etc/passwd 所有人可读，出于安全考虑，该字段默认用 x 代替。真正的密码文件保存在/etc/shadow 文件中。用户可以通过 authconfig 来设定是否使用

shadow 文件及 md5 加密。

③UID：用户 ID 号。UID 为 0，表示是拥有最高权限的系统管理员（如 root）。默认 UID1～499 为系统保留账号，普通用户 UID 一般为 500～60 000。一般来说，用户 UID 号是唯一的。

④GID：用户所属主组的组 ID 号。

⑤GECOS：用户的注释说明（可选）。

⑥Directory：用户的主目录。

⑦Shell：用户所使用的 shell。

useradd 命令不使用任何选项，添加的新用户属性使用系统预设的默认值。新添加的 user01 用户 UID 和 GID 都是 502，家目录是/home/user01，登录 shell 为/bin/bash。

在系统用户密码存储文件/etc/shadow 中添加用户密码信息新行：

```
[root@ 365linux ~]# cat /etc/shadow
...
user01:  $6  $0yEadFvM  $FBkTS2Tog3U9EM6Ga5Y3BdneOBTEnbGG7oGB2qVa9dpo8EyHcN.
LHj4XFQ8zluNqeBLaUghzJlRJcmIX6lAjz1:16153:0:99999:7:::
```

/etc/shadow 文件用于存放用户密码相关的信息。该文件的权限值为 000（任何人没有任何权限），只有 root 用户可以突破这一限制。该文件同样用"："将文件分割成 9 个字段，每一个字段的意义如下：

login name：登录名。

encrypted password：经 md5 加密的用户密码（如果前面有 * 或!，则账号被锁定，无法使用）。

date of last password change：密码上一次被更改的日期（格式：从 1970 年 1 月 1 日起的天数）。

minimum password age：密码不可更改的天数（密码最短时间，密码要过多少天才能被修改）。

maximum password age：密码过期时间（密码最长时间，密码过多少天后必须被更改）。

password warning period：密码过期前警告时间。

password inactivity period：密码过期几天后账号失效（在此时间段内要求用户修改密码）。

account expiration date：账号失效日期（格式：从 1970 年 1 月 1 日起的天数）。

reserved field：保留，目前未定义。

默认情况下，用户被设置为永不过期。

在组账号信息配置文件/etc/group 中添加相关私人组新行：

```
user01:x:502:
```

组账号信息配置文件的 3 个字段分别表示：组名；密码标识（加密密码存储在/etc/gshadow 中）；GID，GID 应该与/etc/passwd 文件中对应用户的 GID 一致。

在组的密码存储文件/etc/gshadow 中添加新行：

```
user01:!::
```

在系统/home 目录下创建用户的同名家目录：

```
[root@ 365linux ~]# ls-l /home
drwx------.  4 user01 user01 4096 3 月  24 17:42 user01
```

用户家目录（也称主目录或主文件夹）属于 user01 用户和 user01 组，只有 user01 用户对该文件夹有读、写、执行的权限，所有其他的权限被拒绝。关于文件权限，将在下一节详细说明。

将/etc/skel 目录下默认的用户配置文件复制到用户的家目录：

```
[root@ 365linux ~]# ls-la /home/user01
总用量 28
drwx------.4 user01 user01 4096 3 月  24 17:42.
drwxr-xr-x.5 root  root  4096 3 月  24 18:01..
-rw-r--r--.1 user01 user01  18 7 月   9 2013. bash_logout
-rw-r--r--.1 user01 user01  176 7 月   9 2013. bash_profile
-rw-r--r--.1 user01 user01  124 7 月   9 2013. bashrc
drwxr-xr-x.2 user01 user01 4096 7 月  14 2010. gnome2
drwxr-xr-x.4 user01 user01 4096 3 月   5 02:54. mozilla
```

在系统邮件存储目录下创建用户邮箱文件（可选）：

```
[root@ 365linux ~]# ll /var/mail/
-rw-rw----.1 user01 mail    0 3 月  24 17:42 user01
```

4. 使用 usermod 命令修改用户账号信息

用法：usermod［option］user_name
常用选项：
-L：锁定账号（在/etc/shadow 中密码部分前加一个！）。
-U：解锁。
-l：改变用户的登录名。
除了以上选项，usermod 使用与 useradd 相似的选项和参数指定修改用户账号属性信息。
示例：修改用户账号信息的注释说明。

```
[root@ 365linux ~]# usermod-c "web user"user01
[root@ 365linux ~]# cat /etc/passwd |grep user01
user01:x:502:502:web user:/home/user01:/bin/bash
```

示例：使用 usermod 锁定和解锁账号。
使用-L 选项锁定用户，限制用户登录。

```
[root@ 365linux ~]# usermod-L user01
```

查看用户的密码文件，此时在密码字段前添加了"！"号，用户不能登录。

```
[root@ 365linux ~]# grep user01 /etc/shadow
user01:!  $6    $ 0yEadFvM     $ FBkTS2Tog3U9EM6Ga5Y3BdneOBTEnbGG7oGB2qVa9dpo8EyHcN.
LHj4XFQ8zluNqeBLaUghzJlRJcmIX6lAjz1:16153:0:99999:7:::
```

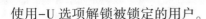

使用–U 选项解锁被锁定的用户。

```
[root@ 365linux ~]# usermod-U user01
[root@ 365linux ~]# grep user01 /etc/shadow
user01:    $ 6    $ 0yEadFvM    $ FBkTS2Tog3U9EM6Ga5Y3BdneOBTEnbGG7oGB2qVa9dpo8EyHcN.
LHj4XFQ8zluNqeBLaUghzJlRJcmIX6lAjz1:16153:0:99999:7:::
```

5. 使用 userdel 命令删除用户

用法：userdel [options] user_name
常用选项：
–f：强制删除用户，即使该用户仍在登录。
–r：删除用户的同时删除该用户的家目录和邮件。
示例：删除一个用户。

```
[root@ 365linux ~]# userdel user01
[root@ 365linux ~]# ls /home
demo   user01   user02
```

没有使用–r 的选项，删除了用户，而用户的家目录被保留。

NOTE

如果用户同名组没有其他成员，则连同删除，反之保留。

工作技巧

注意，在系统中新建一个用户时，系统可能将一个已经删除的旧用户的 UID 重新分配给新用户，如果在删除旧用户时没有删除该用户的文件（在家目录或散落在其他位置），新用户就获得旧用户原来在系统中的文件的所有权，这种情况将导致信息泄露和其他安全问题。解决的方案是使用 find 命令找出这些文件进行删除或备份（改变权限）。

任务二　使用命令行管理工作组群

使用命令行工具添加组群和设置组群密码，并深刻理解系统如何保存组群信息和相关文件。掌握使用命令行添加组群，并设置组群密码的方法；掌握使用命令行修改组群，设置组群管理员，添加、删除组成员的管理方法；深刻理解系统保存组群信息的过程。

1. 使用 groupadd 命令新建组群

用法：groupadd [options] group_name

常用选项：

-g：指定新建组的 GID。

-o：可以使用重复的 GID。

-r：建立系统账号。

示例：新建一个新组。

```
[root@ 365linux ~]# groupadd sales
```

2. 组群管理命令示例

示例：给组群添加密码，使知道密码的用户能临时加入该组群。

修改组群 sales 的密码：

```
[root@ 365linux ~]# gpasswd sales
```

没有设密码的组群是不允许用户申请加入的。

添加用户 zhangsan，切换到用户，查看用户当前所属的组群：

```
[root@ 365linux ~]#useradd zhangsan
[root@ 365linux ~]# su - zhangsan
[zhangsan@ 365linux ~]$ groups
zhangsan
```

用户主动申请加入组群 sales：

```
[zhangsan@ 365linux ~]$ newgrp sales
密码：
[zhangsan@ 365linux ~]$ groups
sales zhangsan
```

用户退出组群 sales：

```
[zhangsan@ 365linux ~]$ exit
[zhangsan@ 365linux ~]$ groups
zhangsan
```

删除组群 sales 的密码，禁止以后用户再主动加入：

```
[root@ 365linux ~]$ gpasswd-r sales
```

示例：设置组群管理员，用来管理组群成员。

添加用户 lisi：

```
[root@ 365linux ~]#useradd lisi
[root@ 365linux ~]#gpasswd-a lisi sales
```

将用户 lisi 设置为组群 sales 的管理员：

```
[root@ 365linux ~]#gpasswd-A lisi sales
```

切换到用户 lisi，行使管理权限，将用户 zhangsan 加入组群 sales：

```
[root@ 365linux ~]# su-lisi
[lisi@ 365linux ~] $ gpasswd-a zhangsan sales
Adding user zhangsan to group sales
```

此时用户 zhangsan 成为组群 sales 的成员，切换组群时不需要组群密码：

```
[zhangsan@ 365linux ~] $ groups
zhangsan sales
[zhangsan@ 365linux ~] $ nowgrp sales
[zhangsan@ 365linux ~] $ groups
sales zhangsan
```

组群管理员 lisi 将用户 zhangsan 从 sales 组群中删除：

```
[lisi@ 365linux ~] $ gpasswd-d zhangsan sales
Removing user zhangsan from group sales
```

示例：将组群 sales 的组群名称改为 xiaoshou。

```
[root@ 365linux ~]# groupmod-n sales xiaoshou
```

示例：删除组群 xiaoshou。

```
[root@ 365linux ~]# groupdel xiaoshou
```

3. 其他有用的命令

id 命令输出用户简要信息。

示例：查看用户 user02 的 uid、gid、组群。

```
[root@ 365linux ~]# id user02
uid=1000(user02gid=1000(user02 组 =1000(user02)
```

使用 chage 查看或修改用户的账号和密码信息。

示例：查看用户的账号和密码信息。

```
[root@ 365linux ~]# chage-l user02
Last password change                              :Mar 24,2014
Password expires                                  :never
Password inactive                                 :never
Account expires                                   :never
Minimum number of days between password change    :0
Maximum number of days between password change    :99999
Number of days of warning before password expires :7
```

示例：设置用户 user02 账号过期时间是 2014-12-28。

```
[root@ 365linux ~]# chage-E "2014-12-28"user02
```

工作技巧

> 在创建用户时或之后为用户设置有效期，这对雇用人员临时开启的账号是非常有用的。账号在临时人员离开后自动失效，可以避免一些安全方面的隐患。

使用 pwck 对用户进行一致性检查。

示例：检查系统内用户账号信息的完整性。

```
[root@ 365linux ~]# pwck
user'adm':directory'/var/adm'does not exist
...
pwck:无改变
```

输出中系统账号的家目录信息的缺失是正常的。

任务三　切换用户并获得系统管理权限

使用 su 和 sudo 切换系统账号，获得管理员权限，比较两种切换方式的区别。

1. 切换账号

在命令行中，可以很方便地切换到不同的用户。普通用户要想切换到任意其他用户，必须输入目标用户的密码；管理员可以随时切换到其他用户而不需要用户密码。切换用户可以使用以下命令：

su，切换到其他用户，即以目标用户的身份登录系统继续工作。

sudo，并不真的切换用户，而是以管理员的身份执行命令。

2. 使用 su 命令切换账号

示例：用户 user02 切换到 user03，需要输入 uesr03 的用户密码才能登录。

```
[user02@ 365linux ~] $ su-user03
密码：
[user03@ 365linux ~] $
```

示例：用户 user03 退出登录，返回 user02。

```
[user03@ 365linux ~] $ exit
logout
[user02@ 365linux ~] $
```

示例：用户 user02 切换到管理员用户 root，用户名可以省略。

```
[user02@ 365linux ~]$ su-
密码:
[root@ 365linux ~]#
```

工作技巧

在切换用户时使用 su 命令,在 su 和用户名之间的选项使用 "-" 或不使用,结果存在差异。不使用时,切换用户,但不会切换到目标用户的目录和 shell 环境变量,而使用时,任何环境因素都会初始化,效果相当于目标用户登录后。

3. 使用 sudo 命令获得 root 权限

在生产环境中,特别是多用户进行项目协作的场景下,需要管理员权限时,管理员不能直接告诉用户 root 账户的密码,而应该使用 sudo 方式授予普通用户部分管理员权限。这在权限控制和问责机制中非常重要。

在 Linux 系统中,普通用户要使用 sudo 方式临时获得管理员的权限执行命令,需要管理员提前将这个普通用户添加到 sudo 的配置文件的授权用户列表中。默认情况下,所有的普通用户均不可以使用 sudo。

示例:被授权的普通用户可以使用 sudo 临时获得 root 权限。

使用 visudo 命令编辑 sudo 配置文件/etc/sudoers:

```
[root@ 365linux ~]# visudo
demo ALL=(ALL)ALL
```

在文件的最后加入 demo 用户,这一行配置的含义是允许 demo 用户使用 sudo 在任何地方运行任何命令,即授予最大权限。

切换到普通用户 demo,使用 sudo 方式实现创建新用户:

```
[root@ 365linux ~]# su-demo
[demo@ 365linux ~]$ useradd user05
-bash:/usr/sbin/useradd:权限不够
[demo@ 365linux ~]$ sudo useradd user05
[sudo] password for demo:
```

使用 sudo 时,需要确认用户的身份,此时输入 demo 用户自身的密码,而不是 root 用户的。这样既可以给普通用户授予管理系统的权限,又避免了泄露 root 用户的密码。在必要时,可以根据不同的用户记录追踪用户的操作记录。

4. 用户账号初始化

（1）用户特定配置文件

当用户被创建时，系统从/etc/skel/目录下复制用户的配置文件到用户的家目录。这些配置文件用来定义用户的工作环境，比如 PATH 路径、命令别名等。这些文件位于每个用户的家目录内，所以只对当前用户有效。如下：

~/.bashrc：定义函数和别名。

~/.bash_profile：设置环境变量。

~/.bash_logout：定义用户退出时执行的命令。

工作技巧

> 对于要在系统中经常执行的复杂的命令，可以使用别名的方式将其输入简化，为了保证下一次启动依然有效，可将别名定义在 bashrc 文件中。

（2）全局用户配置文件

顾名思义，这些是对所有用户都生效的设置。如下：

/etc/bashrc：定义函数和别名。

/etc/profile：设置环境变量。

/etc/profile.d：目录下的脚本被/etc/profile 引用。

（3）系统预设的值

用户的属性信息默认值在文件/etc/login.defs 中被定义。

示例：查看/etc/login.defs，使用 grep 命令过滤掉文件中以#开头的注释行。

```
[root@ 365linux ~]# grep-v'^#'  /etc/login.defs
MAIL_DIR/var/spool/mail
PASS_MAX_DAYS99999
PASS_MIN_DAYS0
PASS_MIN_LEN5
PASS_WARN_AGE7
UID_MIN                 500
UID_MAX                 60000
GID_MIN                 500
GID_MAX                 60000
CREATE_HOMEyes
UMASK                   077
USERGROUPS_ENAB yes
ENCRYPT_METHOD SHA512
```

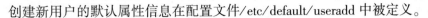

创建新用户的默认属性信息在配置文件/etc/default/useradd 中被定义。

示例：查看/etc/default/useradd 文件中的配置项。

```
[root@ 365linux ~]# cat /etc/default/useradd
# useradd defaults file
GROUP=100
HOME=/home
INACTIVE=-1
EXPIRE=
SHELL=/bin/bash
SKEL=/etc/skel
CREATE_MAIL_SPOOL=yes
```

示例：使用 uesradd 命令列出系统预设的添加用户信息的默认值。

```
[root@ 365linux ~]# useradd-D
GROUP=100
HOME=/home
INACTIVE=-1
EXPIRE=
SHELL=/bin/bash
SKEL=/etc/skel
CREATE_MAIL_SPOOL=yes
```

命令输出结果分别表示新创建用户的组群 ID 初始值、用户家目录的上一级目录、账号过期后失效时间、账号过期日期、默认的登录 shell、用户默认配置文件的源目录（从指定的目录中复制配置文件到用户的家目录）、默认创建用户邮箱文件。

可以通过 useradd-D 加上相应的选项更新这些预设值。

useradd-D 可使用的选项：

-b：定义用户家目录的上一级目录。

-e：用户账号的过期日期。

-f：用户账号过期几日后失效。

-g：新建用户的起始群组或 ID。

-s：新建用户登录后使用的 shell。

主要了解 Linux 用户和组群的管理。用户和组群是 Linux 系统的基本概念，是实现多用户协作、权限分配、文件共享等任务的基础。理解普通用户和 root 用户的特点，在需要时切换到 root 用户或者获取管理权限。

在实际工作中，管理员要对系统全局环境或者用户的特定文件进行设置，以满足项目对用户的需求。比如设置所有新建用户自动属于某个特定的组。

当需要一次性重复创建很多账号时，可以编辑 shell 脚本批量处理。

不管实际应用如何变化，用户和组群的基本原则是不变的。

项目六
权限管理

【任务描述】

通过文件的权限控制用户对文件的访问。Linux 文件权限系统简单而又灵活，易于理解和应用，又可以轻松地处理最常见的权限情况。文件只具有三种应用权限的用户类别和三种基础的控制权限。

【学习目标】

1. 理解 Linux 系统文件权限设计。
2. 使用命令行工具管理权限。

任务一 Linux 系统权限

应用权限的用户类别：

（1）文件拥有者

文件归用户所有，通常是创建文件的用户，但可以更改。

（2）文件所属组

文件归单个组所有，通常为创建该文件的用户的主要组，但可以更改。

（3）其他用户

除了拥有者，所属组外的其他用户。

应用权限时，用户权限优先级高于组的权限，高于其他人的权限。

NOTE

每个用户都有自己所属的组，每个文件也有所属的组，这两个组的意义是不同的。文件所属组可以恰好是该文件拥有者的所属组，也可以是另一个不同的组。

三种基础的控制权限：读取、写入和执行。这些权限的作用见表 6-1。

表 6-1　文件和目录的权限

权限	对文件的影响	对目录的影响
r（读取）	可以读取文件的内容	可以列出目录的内容（文件名）
w（写入）	可以更改文件的内容	可以创建或删除目录中的任一文件
x（执行）	可以作为命令执行文件	可以访问目录的内容（还取决于目录中文件的权限）

NOTE

访问并进入目录时，需要用户同对目录有读取和执行的权限。如果用户仅对某目录有读取的访问权限，则可以列出其中文件的名称，但是其他信息（包括权限或时间戳）都不可用，也不可访问。如果用户仅对某目录具有执行的权限，则用户不能列出该目录中文件的名称，但是如果用户已经知道对其具有读取权限的文件的名称，那么可以通过明确指定文件名来访问该目录下指定文件的内容。

默认情况下，如果用户对某个目录具有写入的权限，那么他可以删除该目录下的任何文件，不论被删除文件的拥有者是谁，权限设置如何。

示例：在命令行中列出文件的属性。

```
[demo@ 365linux ~]$ ll /etc/man.config
-rw-r--r--.1 root root 49401 11 月 17 2012 /etc/man.config
```

ll 命令列出的文件属性，从左至右依次为文件类型与权限、链接数、拥有者、所属组、文件大小、文件被创建或被修改的日期、文件名。除去文件类型的标识位，文件权限字段一共 9 个符号，每 3 个符号为一组，分别表示文件拥有者的权限、所属组的权限和其他人的权限。如示例中的文件，拥有者为 root 用户，他的权限为 rw-（可读、可写、执行权限位上没有执行权限）；所属组为 root 组，所属组的权限为 r--（仅有可读的权限）；其他人也是仅有可读的权限。

示例：在命令行中列出目录的属性。

```
[demo@ 365linux ~]$ ll-d /home/demo/
drwx------.29 demo demo 4096 3 月　24 04:48 /home/demo/
```

该目录的权限为只有拥有者 demo 用户对它有读、写、执行的权限，所属组和其他人都没有任何权限。这是用户家目录的特点，只有用户本身才能访问自己的家目录。

任务二　使用命令更改权限

1. 使用 chmod 命令更改文件权限

用法：

```
chmod [选项]…模式[模式]…文件…
```

或

```
chmod [选项]…八进制模式文件…
```

或

```
chmod [选项]…--reference=参考文件文件…
```

常用选项：

-R：以递归方式更改所有的文件及子目录。

符号模式：chmod Who What Which file | directory。

简单理解：chmod [-R] [ugoa] [+-=] [rwx] 文件 | 目录。

Who 是指 u、g、o、a（代表拥有者、组、其他、全部）。

What 是指+、-、=（代表添加、删除、精确设置）。

Which 是指 r、w、x（代表读取、写入、可执行的权限）。

八进制模式：chmod [-R] ###　file | directory。

###是指三位数字，每一个数字代表一个权限对象类别：拥有者、组、其他人。

#一位数字是指在该对象（比如拥有者）上的权限的总和，r=4、w=2、x=1。那么如果文件的拥有者的权限是 rwx，用数字表示就是 7（即 4+2+1=7）。

示例：设置 file 文件的拥有者加上执行的权限，其他人去除读取的权限。

```
[demo@ 365linux ~] $ ll file
-rw-rw-r--.1 demo demo 267 3 月　19 12:45 file
[demo@ 365linux ~] $ chmod u+x,o-r file
[demo@ 365linux ~] $ ll file
-rwxrw----.1 demo demo 267 3 月　19 12:45 file
```

注意文件前后的权限变化，当文件有了可执行权限时，文件在终端中颜色会高亮显示。

示例：精确设置文件的权限。

```
[demo@ 365linux ~] $ chmod u=rw,g=r file
```

设置 file 文件的拥有者的权限为可读可写，组仅可读，其他人没有权限。

示例：统一设置目录及目录下所有文件的权限。

```
[demo@ 365linux ~] $ chmod-R+w targetdir/
```

给目录 targetdir 及该目录下的所有文件在所有用户类型权限位上添加可写的权限。

示例：使用数字方式设置文件的权限。

```
[demo@ 365linux ~]$ chmod 755 file
```

设置文件 file 的权限为 rwxr-xr-x，即拥有者可读可写可执行，组和其他人都为可读可执行。

2. 使用 chown 命令更改文件用户所有权

要更改文件或文件夹的用户或组的所有权，使用 chown 或 chgrp 命令。
用法：

```
chown [选项]…[所有者][:[组]] 文件…或 chown [选项]…--reference=参考文件文件…
```

示例：改变文件 file 的所有者。

```
[root@ 365linux demo]# ll file
-rwxr-xr-x.1 demo demo 267 3 月   19 12:45 file
[root@ 365linux demo]# chown zhangsan file
[root@ 365linux demo]# ll file
-rwxr-xr-x.1 zhangsan demo 267 3 月   19 12:45 file
```

示例：改变文件 file 的所属组。

```
[root@ 365linux demo]# chgrp mail file
[root@ 365linux demo]# ll file
-rwxr-xr-x.1 zhangsan mail 267 3 月   19 12:45 file
```

示例：同时改变用户和组的所有权，并使用-R 选项递归目录和目录下的所有文件。

```
[root@ 365linux demo]# chown zhangsan:mail targetdir/
```

NOTE

> 在变更文件或目录的用户和组的所有权时，前提条件是指定的目标用户和组在系统中已经存在。

任务三 特殊权限

系统中有些地方的设计需要一些特殊的权限。比如 passwd 命令，普通用户在使用 passwd 命令修改自己的密码时，也需要更新/etc/shadow 文件，而该文件只有管理员可以修改，这就意味着，普通用户成功修改了自己的密码，那么他在运行 passwd 命令时获得了管理员的权限或者说是使用 root 的身份在执行。

示例：查看 passwd 命令的权限。

```
[demo@ 365linux ~] $ ll'which passwd'
-rwsr-xr-x.1 root root 25980 2 月   17 2012 /usr/bin/passwd
```

在 root 用户的权限位上是 rws，这表示在执行权限位上，除了 x，还有一个 setuid 的权限，这就是特殊权限的一种。

特殊权限对文件和目录的影响见表 6-2。

表 6-2 特殊权限对文件和目录的影响

特殊权限	对文件的影响	对目录的影响
u+s（setuid 或者 suid）	以拥有文件的用户身份执行文件，而不是以运行文件的用户身份	无影响
g+s（setgid 或者 sgid）	以拥有文件的组身份执行文件	在目录中最新创建的文件将其组所有者设置为与目录组所有者相同权限
o+t（sticky）	无影响	对目录具有写入权限的用户仅可以删除其拥有的文件，而无法删除其他用户所拥有的文件

示例：使用 ll 命令查看具有 sgid 权限的文件。

```
[root@ 365linux ~]# ll /usr/bin/wall
-r-xr-sr-x.1 root tty 10932 6 月   18 2013 /usr/bin/wall
```

示例：使用 ll 命令查看具有 sticky 权限的目录。

```
[root@ 365linux ~]# ll-d /tmp
drwxrwxrwt.30 root root 4096 3 月   26 08:17 /tmp
```

NOTE

因为特殊权限和执行权限在同一个位置上，所以特殊权限的大小写表示了该位置上是否还有可执行权限。如果特殊权限为小写，则表示此处有执行（x）权限；如果特殊权限为大写，则表示此处没有 x 权限。不过从特殊权限的应用角度来看，其总是要伴随（x）权限一起使用才有实际意义。

设置特殊权限的方法如下：

用符号法设置：setuid = u+s；setgid = g+s；sticky = o+t。

用数字法设置：setuid = 4；setgid = 2；sticky = 1。

示例：给目录设置 sgid 权限。

```
[root@ 365linux ~]# chmod u+s directory
```

或者

```
[ root@ 365linux ~]# chmod 2775 directory
```

工作技巧

　　因为 setuid 可以让普通用户拥有 root 的身份和权限，所以，为安全起见，应该留意系统中含有 setuid 位的程序或脚本是否异常。可以通过 find 命令从系统中找出它们：

```
[ root@ 365linux ~]# find /-perm-4000
```

1. 隐藏的扩展属性（权限）

为了极大地保证文件的安全，Linux 文件系统还预留了一些扩展的属性，比如设置让 root 用户也无法删除文件的权限。这些属性被隐藏了起来，需要特定的命令才能查看和设置。

示例：查看文件的扩展属性。

```
[ root@ 365linux ~]# lsattr testfile.txt
-------------e-testfile.txt
```

"e" 就是一个扩展属性，表示使用磁盘块映射。这是一个默认的属性，不能去除。

示例：设置文件的扩展属性。

```
[ root@ 365linux ~]# chattr+i testfile.txt
[ root@ 365linux ~]# lsattr testfile.txt
----i---------e-testfile.txt
```

给文件添加 "i" 属性表示该文件不能被删除、不能修改、不能重命名、不能创建链接。更多的文件扩展属性设置选项可以通过 "man chattr" 来获得详细的说明。

2. 访问控制列表 ACL

Linux 系统通常的权限管理只是针对文件或目录的拥有者、所属组、其他人进行读、写、执行的权限的划分。如果要对某个文件或目录进行除了上述三类用户的单一特定用户或组进行更细致的权限划分，比如，针对某个文件，除了拥有者和组之外，其他人都没有读取的权限，而唯独用户 zhangsan 需要读取的权限（zhangsan 属于其他人的范围），这就需要借助 ACL（Access Control List）进行。

ACL 的使用需要文件系统的支持，目前绝大部分的 Linux 文件系统（如 EXT2/3/4、JFS、XFS）支持 ACL 的功能。在 Linux 中，ACL 是默认启动的。如果系统默认没有启动 ACL 的功能，则需要添加 ACL 属性并重新挂载文件系统，以获取 ACL 的支持（后面的章节介绍文件系统挂载的操作）。

在确定某个进程是否能够访问某一文件时，权限的优先级如下：

● 如果是以文件的拥有者身份运行该进程，那么就应用该文件的拥有者权限。

● 如果是以列于用户 ACL 条目中的用户运行该进程，那么就应用用户 ACL（只要 mask 允许）。

● 如果是以文件的所属组身份或具有明确 ACL 条目的组身份运行该进程，如果权限是由任意匹配组授予的，则应用组的权限（只要 mask 许可）。

● 否则，应用文件的其他权限。

其中，mask 称作具有 ACL 的文件的掩码，用于限制组成员和 ACL 补充用户和组成员的最大权限。

（1）ACL 的命令

● getfacl 命令

描述：查看文件或目录的 ACL 权限。

用法：getfacl［options］file …

示例：查看文件的 ACL。

```
[root@ 365linux test]# getfacl testfile
# file:testfile
# owner:root
# group:root
user::rw-
user:zhangsan:rwx
group::r--
mask::rwx
other::r--
```

文件 testfile 的用户和组都是 root，它的权限是 644，只有 root 用户的权限是读写，其他人的权限都是只读。而设置了 ACL，ACL 用户 zhangsan 则对该文件拥有读、写、执行的权限。

对于添加了 ACL 的文件，使用 ls-l 命令列出时，权限位的最后带有 "+" 号。如下：

```
[root@ 365linux test]# ll testfile
-rw-rwxr--+ 1 root root 75 3月   26 09:33 testfile
```

● setfacl 命令

描述：设置某个文件或目录的 ACL 权限。

用法：setfacl［-bkndRLP］{-m｜-M｜-x｜-X…} file…

常用选项：

-m：设置或修改文件的 ACL 权限。

-x：取消文件的一个 ACL 权限。

-b：删除文件所有的 ACL 权限。

-k：删除所有的默认的 ACL 权限。

--set：设置文件的 ACL，替代当前的 ACL。

--mask：重新计算有效的 mask 值。

-R：递归子目录。

-d：设置默认的 ACL 权限，仅能针对目录使用。

--restore：从文件恢复备份的 ACL。

（2）查看和设置 ACL

示例：使用 setfacl 命令设置文件的 ACL。

针对用户 zhangsan 来设置权限为 rwx：

```
[root@ 365linux test]# setfacl-m u:zhangsan:rwx acltest.file
```

针对组 sales 来设置权限为 rw：

```
[root@ 365linux test]# setfacl-m g:sales:rw acltest.file
```

设置限制的权限为 r：

```
[root@ 365linux test]# setfacl-m m:r acltest.file
```

查看文件当前的 ACL：

```
[root@ 365linux test]# getfacl acltest.file
# file:acltest.file
# owner:root
# group:root
user::rw-
user:zhangsan:rwx          #effective:r--
group::r--
group:sales:rw-            #effective:r--
mask::r--
other::r--
```

最终的权限：文件的拥有者 root 为 rw-；ACL 用户 zhangsan 的权限为 rwx，但因为设置了限制权限 mask 为 r--，两个权限相与后，最终 zhangsan 对该文件的权限为 r--。同理，文件所属组的权限为 r--；ACL 组 zhangsan 的权限受 mask 的影响，也为 r--；其他人的权限为 r--。

设置 ACL 权限，如果同时设置多个权限，权限之间使用"，"分隔。

示例：同时设置多个 ACL 用户和组的权限。

```
[root@ 365linux test]# setfacl-m
u:user03:rwx,u:user04:rwx,g:sales:rw testfile
```

（3）删除文件的 ACL 权限

示例：删除 ACL 权限。

```
[root@ 365linux test]# setfacl-x g:zhangsan acltest.file
```

使用 setfacl 命令删除组（zhangsan）的 ACL 权限。删除后，可执行 getfacl 命令查看结果。

示例：一次性删除所有的 ACL 权限。

```
[root@ 365linux test]# setfacl-b acltest.file
```

（4）设置目录默认的 ACL

如果希望在一个目录中新建的文件和子目录都使用同一个预定的 ACL，那么可以使用默认（Default）ACL。在对一个目录设置了默认的 ACL 以后，每个在目录中创建的文件都会自动继承目录的默认 ACL 作为自己的 ACL。

示例：设置目录默认的 ACL。

设置目录 testdir 的 ACL 指定组 sales 的权限为 rwx：

```
[root@ 365linux test]# setfacl-d-m g:sales:rwx testdir/
```

查看目录 testdir 当前的 ACL 权限：

```
[root@ 365linux test]# getfacl testdir/
# file:testdir/
# owner:root
# group:root
user::rwx
group::r-x
other::r-x
default:user::rwx
default:group::r-x
default:group:sales:rwx
default:mask::rwx
default:other::r-x
```

在目录 testdir 中创建一个文件 file. txt：

```
[root@ 365linux test]# touch testdir/file.txt
```

查看该文件的权限，自动继承了上级目录的 ACL（受文件默认的 mask 影响）：

```
[root@ 365linux test]# getfacl testdir/file.txt
# file:testdir/file.txt
# owner:root
# group:root
user::rw-
group::r-x          #effective:r--
group:sales:rwx     #effective:rw-
mask::rw-
other::r--
```

（5）备份和恢复 ACL

主要的文件操作命令 cp 和 mv 都支持备份时保留文件的 ACL，cp 命令需要加上-p 参数。但是 tar 等常见的备份工具是不会保留目录和文件的 ACL 信息的。这种情况下，如果备

份和恢复带有 ACL 的文件和目录，那么可以先把文件的 ACL 权限信息备份到一个文件里，以后用--restore 选项来恢复这个文件中保存的 ACL 信息。

示例：文件的 ACL 信息备份和恢复。

查看目录及其所有子目录和文件当前的 ACL 信息：

```
[root@ 365linux test]# getfacl-R testdir/
# file:testdir/
# owner:root
# qroup:root
user::rwx
group::r-x
other::r-x
default:user::rwx
default:group::r-x
default:group:sales:rwx
default:mask::rwx
default:other::r-x

# file:testdir//file.txt
# owner:root
# group:root
user::rw-
group::r-x#effective:r--
group:sales:rwx#effective:rw-
mask::rw-
other::r--
```

备份目录及其子目录中文件的 ACL：

```
[root@ 365linux test]# getfacl-R testdir/ > testdir.acl
```

为测试效果，删除原文件所有的 ACL：

```
[root@ 365linux test]# setfacl-R-b testdir/
```

查看删除后的权限：

```
[root@ 365linux test]# getfacl-R testdir/
# file:testdir/
# owner:root
# group:root
user::rwx
group::r-x
other::r-x

# file:testdir//file.txt
```

```
# owner:root
# group:root
user::rw-
group::r--
other::r--
```

从 testdir. acl 文件中恢复被删除的 ACL 信息：

```
[root@ 365linux test]# setfacl--restore testdir.acl
```

查看恢复后的效果：

```
[root@ 365linux test]# getfacl-R testdir
……和备份前一样。
```

Linux 系统的基本权限设置了用户、组、其他三种所有者类型，以及读、写、执行三种文件权限。Linux 系统具有简单明了的文件权限管理模式，所以 Linux 文件权限管理是比较简洁而容易配置的。实际应用中，对文件权限的理解非常重要，它是 Linux 系统中系统资源和进程之间关系的基础。在后续对系统应用、服务的配置过程中，程序无法启动，服务无法正常提供资源，很多情况下可能是由文件的权限配置不正确引起的，甚至需要优先排查，并且粗放的文件权限管理也会给系统的安全埋下隐患。

项目七
网络连接

【任务描述】

一台 Linux 系统的主机，不管是作为桌面系统、工作站，还是服务器，大多数情况下，都需要连接到网络。其是作为客户端还是服务器端，是连接到内网（局域网）还是外网（广域网），是使用静态 IP 还是动态获取地址，如果明确知道这些信息，那么配置 Linux 系统网络是非常容易的，甚至在拥有 DHCP（动态主机设置协议）服务的网络环境中，Linux 系统已经完成自动配置并连接到网络，然而我们还是要深刻理解这些操作背后的原理和逻辑。

【学习目标】

1. IP 地址、子网划分、路由及 DNS 的概念。

2. 使用命令行工具配置系统 IP 地址。

3. 使用 SSH 客户端工具连接到系统。

任务一 认识什么是网络

网络是指利用通信设备和线路将地理位置不同、功能独立的多个主机系统连接起来，以功能完善的网络软件实现网络上的硬件、软件及资源的共享和信息的传递。简单来说，即连接两台或多台主机进行通信的系统。这里的主机通常是指计算机，但也不一定，它也可以是打印机、智能手机等。随着技术的发展，将来会有越来越多的不同类型的设备可连接到网络。

1. 网络类型

网络按照其覆盖的范围，可以分成局域网和广域网。

局域网（Local Area Network，LAN），又称内网，指覆盖局部区域（如办公室或楼层）的计算机网络。

广域网（Wide Area Network，WAN），又称外网、公网，是连接不同地区的局域网或城域网的计算机通信的远程网。其通常跨接很大的物理范围，所覆盖的范围从几十千米到几千千米，它能连接多个地区、城市和国家，或横跨几个洲并能提供远距离通信，形成国际性的远程网络。广域网在概念上并不等于互联网。

网络按照交换方式，又可分为以太网、公用电话交换网、分组交换网、令牌环网等。

NOTE

网络是一个宽泛的概念，并不一定是指计算机网络。从应用角度出发，我们通常所说的局域网一般情况下指内部计算机以太网（可能涉及光纤网络），而外网通常是指连接到外部的互联网。

2. 互联网相关协议

有关互联网的协议可以分为 3 层：

最底层的是 IP 协议（Internet Protocol，即互联网协议），是用于报文交换网络的一种面向数据的协议。这一协议定义了数据包在网际传送时的格式。目前使用最多的是 IPv4 版本，这一版本中用 32 位定义 IP 地址，尽管地址总数达到 43 亿，但是仍然不能满足现今全球网络飞速发展的需求，因此 IPv6 版本应运而生。在 IPv6 版本中，IP 地址共有 128 位，"几乎可以为地球上每一粒沙子分配一个 IPv6 地址"。IPv6 目前并没有普及，许多互联网服务提供商并不支持 IPv6 协议的连接。但是，可以预见，将来在 IPv6 的帮助下，任何智能设备都有可能连入互联网。

中间层是 UDP 协议和 TCP 协议，它们用于控制数据流的传输。UDP 是一种不可靠的数据流传输协议，仅为网络层和应用层之间提供简单的接口。而 TCP 协议则具有高的可靠性，通过为数据包加入额外信息，并提供重发机制，它能够保证数据不丢包、没有冗余包及保证数据包的顺序。对于一些需要高可靠性的应用，可以选择 TCP 协议；而相反，对于性能优先考虑的应用如流媒体等，则可以选择 UDP 协议。

最顶层的是一些应用层协议，这些协议定义了一些用于通用应用的数据包结构，其中包括：

DNS：域名服务。

FTP：服务使用的是文件传输协议。

HTTP：所有的 Web 页面服务都是使用的超级文本传输协议。

POP3：邮局协议。

SMTP：简单邮件传输协议。

Telnet：远程登录。

3. OSI 与 TCP/IP 参考模型

（1）OSI 参考模型

开放式系统互联通信参考模型（Open System Interconnection Reference Model，ISO/IEC 7498-1），简称为 OSI 模型（OSI model），是一种概念模型，由国际标准化组织（ISO）提

出，是一个试图使各种计算机在世界范围内互连为网络的标准框架。

OSI 将计算机网络体系结构划分为以下七层，如图 7-1 所示。

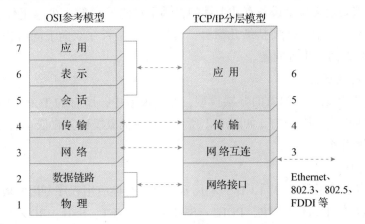

图 7-1 **TCP/IP 参考模型与 OSI 模型映射关系**

第 7 层：应用层

应用层能与应用程序界面沟通，以达到展示给用户的目的。常见的协议有 HTTP、HT-TPS、FTP、TELNET、SSH、SMTP、POP3 等。

第 6 层：表示层

表示层能为不同的客户端提供数据和信息的语法转换内码，使系统能解读成正确的数据。同时，也能提供压缩解压、加密解密。

第 5 层：会话层

会话层用于为通信双方制定通信方式，并创建、注销会话（双方通信）。

第 4 层：传输层

传输层用于控制数据流量，并且进行调试及错误处理，以确保通信顺利。而传送端的传输层会为分组加上序号，方便接收端把分组重组为有用的数据或文件。

第 3 层：网络层

网络层的作用是决定如何将发送方的数据传到接收方。该层通过考虑网络拥塞程度、服务质量、发送优先权、每次路由的耗费来决定节点 X 到节点 Y 的最佳路径。我们熟知的路由器就工作在这一层，通过不断地接收与传送数据，使得网络变得相互连通。

第 2 层：数据链路层

数据链路层的功能在于管理第 1 层的比特数据，并且将正确的数据传送到没有传输错误的路线中。此外，处理由数据受损、丢失甚至重复传输错误的问题，使后续的层级不会受到影响，所以它负责运行数据的调试、重传或修正，以及决定设备何时进行传输。设备有 Bridge 桥接器和 Switch 交换器。

第 1 层：物理层

物理层定义了所有电子及物理设备的规范。其中特别定义了设备与物理媒介之间的关系，包括针脚、电压、线缆规范、集线器、中继器、网卡、主机适配器（在 SAN 中使用的主机适配器）及其他设备的设计定义。因为物理层传送的是原始的比特数据流，即设计的目的是保证当发送时的信号为二进制"1"时，对方接收到的也是二进制"1"而不是二进制"0"，因而就需要定义哪个设备有几个针脚，哪个针脚发送的多少电压代表二进制"1"或二进制"0"，以及一个位需要持续几微秒，传输信号是否在双向上同时进行，最初的连接如何创建和最终如何终止等问题。

（2）TCP/IP 参考模型

TCP/IP 参考模型是一个抽象的分层模型，这个模型中，所有的 TCP/IP 系列网络协议都被归类到 4 个抽象的"层"中，如图 7-1 所示。每一抽象层建立在低一层提供的服务上，并且为高一层提供服务。

第 4 层：应用层

该层包括所有和应用程序协同工作，利用基础网络交换应用程序专用的数据的协议。常用的应用层协议有 HTTP、FTP、POP3、SMTP、TELNET、SSH、BOOTP、NTP、DNS、ECHO、SNMP、DHCP、ARP。

第 3 层：传输层

传输层的协议能够解决诸如端到端可靠性（"数据是否已经到达目的地？"）和保证数据按照正确的顺序到达这样的问题。在 TCP/IP 协议组中，传输协议也包括所给数据应该送给哪个应用程序。相关的协议有 TCP、UDP、DCCP、RTP 等。

第 2 层：网络互连层

网络层解决在一个单一网络上传输数据包的问题。

对于 TCP/IP 来说，这是因特网协议（IP）（如 ICMP 和 IGMP 这样的必需协议，尽管运行在 IP 上，但是也仍然可以看作是网络互连层的一部分；ARP 不运行在 IP 上）。

第 1 层：网络接口层

网络接口层实际上并不是因特网协议组中的一部分，但它是数据包从一个设备的网络层传输到另外一个设备的网络层的方法。

4. IPv4 地址

IPv4 地址由 32 位二进制数组成，如 11000000.10101000.00000001.01101011。为了方便人类使用和记忆，它通常用"点分十进制"表示，即由四组小于或等于 255 的十进制数构成，中间用点号分隔，如 192.168.1.107。该地址分为两个部分：网络位和主机位。网络位用来标识子网，具有相同的网络位的 IP 地址称为属于同一子网，同一子网中的所有主机可以在彼此之间直接通信，不需要路由器。主机位用来标识子网中的特定主机，同一子网中每台主机的主机位必须是唯一的。

子网的大小是可变的。网络管理员通过指定子网掩码来指明多少位的 IPv4 地址属于同一子网。可供主机位使用的位数越多，子网中可用的主机数就越多。

子网掩码可用两种格式表示，比如 255.255.255.0 和/24 表示同样的值。

将子网中最低的地址（主机位二进制值全部为 0）称为网络地址；子网中最高地址（主

机位二进制值全部为 1）用于广播消息，称为广播地址。

主机地址、子网掩码、网络地址及广播地址的关系见表 7-1~表 7-3。

表 7-1　192. 168. 1. 107/24

主机地址	192. 168. 1. 107	11000000. 10101000. 00000001. 01101011
子网掩码	255. 255. 255. 0 或/24	11111111. 11111111. 11111111. 00000000
网络地址	192. 168. 1. 0	11000000. 10101000. 00000001. 00000000
广播地址	192. 168. 1. 255	11000000. 10101000. 00000001. 11111111

表 7-2　172. 16. 0. 123/16

主机地址	172. 16. 0. 123/16	10101100. 00010000. 01111011
子网掩码	255. 255. 0. 0 或/16	11111111. 11111111. 00000000. 00000000
网络地址	172. 16. 0. 0	10101100. 00010000. 00000000. 00000000
广播地址	172. 16. 255. 255	11000000. 10101000. 11111111. 11111111

表 7-3　10. 1. 1. 18/8

主机地址	10. 1. 1. 18/8	00001010. 00000001. 00000001. 00010010
子网掩码	255. 0. 0. 0 或 8	11111111. 00000000. 00000000. 00000000
网络地址	10. 0. 0. 0	00001010. 00000000. 00000000. 00000000
广播地址	10. 255. 255. 255	00001010. 11111111. 11111111. 11111111

127. 0. 0. 1/255. 0. 0. 0 这个特殊地址会始终执行本地系统（localhost），因此它可以使用网络协议进行自我通信。

（1）IPv4 地址分类

32 位的 IPv4 地址最初只由 8 位的网络地址和"剩下的"主机位组成。这种格式用在局域网出现之前。这使得独立的网络的数量不能太多（最多 254 个），在局域网出现的早期，就已经不够用了。

为了和已存在的 IP 地址空间及 IP 数据包兼容，对 IP 地址的定义在 1981 年的 RFC 791 中进行了修改。修改后的 IP 地址共有 5 类地址，见表 7-4 和表 7-5。

表 7-4　IPv4 地址分类

分类	前缀位	开始地址	结束地址	默认子网掩码
A 类地址	0	0. 0. 0. 0	127. 255. 255. 255	255. 0. 0. 0
B 类地址	10	128. 0. 0. 0	191. 255. 255. 255	255. 255. 0. 0
C 类地址	110	192. 0. 0. 0	223. 255. 255. 255	255. 255. 255. 0
D 类地址	1110	224. 0. 0. 0	239. 255. 255. 255	未定义
E 类地址	1111	240. 0. 0. 0	255. 255. 255. 255	未定义

表7-5　IPv4 地址分类

分类	网络地址位数	剩余的位数	网络数	每个网络的主机数
A 类地址	8	24	128	16 777 214
B 类地址	16	16	16 384	65 534
C 类地址	24	8	2 097 152	254
D 类地址（群播）	未定义	未定义	未定义	未定义
E 类地址（保留）	未定义	未定义	未定义	未定义

可用的主机地址总是 2^N-2（N 是所用的位数，减 2 是因为第一个和最后一个地址都是无效的）。因此，对于用 8 位来表示主机地址的 C 类地址来说，主机数就是254。

更多的网络位允许更多的网络地址，因此适应了互联网的持续增长。

有一些地址被设计为私有地址。在互联网的地址架构中，专用网络是指遵守 RFC 1918 和 RFC 4193 规范，使用私有 IP 地址空间的网络。私有 IP 无法直接连接互联网，需要公网 IP 转发。与公网 IP 相比，私有 IP 是免费的，也节省了 IP 地址资源，适合在局域网使用。私有 IP 地址在 Internet 中不会被分配，私有地址的定义范围见表7-6。

表7-6　IPv4 私有地址

IP 地址区段	IP 数量	分类网络说明	主机端位长/位
10.0.0.0~10.255.255.255	16 777 216	单个 A 类网络	24
172.16.0.0~172.31.255.255	1 048 576	16 个连续 B 类网络	20
192.168.0.0~192.168.255.255	65 536	256 个连续 C 类网络	16

（2）子网划分

在一个 IP 网络中，划分子网能将一个单一的大型网络分成若干个较小的网络。引入子网划分的概念，可以减少因特网路由表中的表项数量（通过隐藏一个站点内部所有独立子网的相关信息），以及减少网络开销（因为它将接收 IP 广播的区域划分成了若干部分）。

示例：将 192.168.20.0/24 这个 C 类地址子网掩码变成 25 位分成两个子网，见表7-7。

表7-7　子网划分

子网掩码	11111111.11111111.11111111.10000000（255.255.255.128）	
子网数	$2^1=2$	
每个子网主机数	$2^7-2=126$	
网络号	192.168.20.0	192.168.20.128
广播号	192.168.20.127	192.168.20.255

5. IPv6 地址

互联网通信协议第 6 版（Internet Protocol version 6，IPv6）是互联网协议的最新版本，用于数据包交换互联网络的网络层协议，旨在解决 IPv4 地址枯竭问题。

IPv6 地址采用了 128 位的地址，以 16 位为一组，每组以冒号"："隔开，可以分为 8 组，每组以 4 位十六进制方式表示（从 0000 到 ffff）。例如：

```
2001:0db8:85a3:08d3:1319:8a2e:0370:7344
```

由于 IPv6 地址很长，因此可以使用一些规则对它们进行简化。以下是简化规则：

①每项数字前导的 0 可以省略，省略后前导数字仍是 0 则继续。

②可以用双冒号"::"表示一组 0 或多组连续的 0，但只能出现一次。

::1 是 IPv6 版本的 127.0.0.1 本地主机地址。

6. 网络路由和 DNS 概念

不管是使用 IPv4 还是 IPv6，网络通信都需要以主机到主机和网络到网络的形式进行传输。每个主机都有一个路由表，它用于告诉主机使用哪些网络接口与主机直接连接到的子网进行通信。如果网络通信未寻找到其中的一个子网，路由表通常会有针对所有其他网络的一个条目，该条目指向可访问子网中的路由器或网关。

如果路由器收到的通信并非将其作为寻址目标，则路由器不会忽略该通信，而是根据自己的路由表转发该通信。这种处理方式可能会将通信直接发送到目标主机（如果路由器恰巧在同一子网中），也可能转发到其他路由器。这种转发过程会一直进行，直到通信达到最终目标。

IP 协议使用地址进行通信，但是比起冗长且难记的数字字符串，操作人员宁愿使用名称。DNS（即域名系统）是分布式服务器网络，可将主机名映射为 IP 地址。为使名称服务起作用，需要在主机系统中设置名称服务器的 IP 地址。该名称服务器无须与主机位于同一子网上，只需可供主机访问即可。

任务二 使用命令行配置服务器网络

在 Linux 中配置联网最简单的方式是使用 Network Manager 应用程序。它可以设置可影响所有用户的系统范围内的默认值；也可以配置仅在特定用户登录时，激活特定的网络接口。

Debian 对于网络连接有管理和配置的两种操作。

在安装系统时，如果开启了网络，一般情况下，在/etc/network/interfaces 文件中已经包含一个可用的配置。这是传统的方式。在该配置文件中，所有以 auto 开始的网络接口都将会在启动时被 ifupdown 和/etc/init.d/networking 初始化脚本自动配置。

通常第一块网卡被称为 eth0，这个名称是由内核命名机制及 udev 命名规则来决定的（/etc/udev/rules.d/70-persistent-net.rules）。

Network Manager 作为一个新的替代推荐给移动工作的用户（比如在公司使用有线网络，

而在家里使用 WiFi)。它方便用户在不同的地理位置、不同的网络环境快速切换网络连接。如果安装系统时安装了图形桌面环境,该工具即默认被安装。可以在/etc/NetworkManager/system-connections/目录下创建连接的配置文件,或者使用图形化工具 nm-connection-editor 进行配置。Network Mananger 也可以作为默认的网络管理工具,对网络接口使用 NM 管理时,务必要禁用/etc/network/interfaces 中的相关条目。

在服务器应用场景中,基于功能和稳定性的考量,官方仍然推荐使用传统的 networking 和 interfaces 的网络配置方式。

(1)配置 IP 地址

①手动修改配置文件/etc/network/interfaces。

②动态 IP 获取的方式:

```
auto eth0
iface eth0 inet dhcp
```

③静态 IP 获取的方式:

```
auto eth0
iface eth0 inet static
address 192.168.0.3
netmask 255.255.255.0
gateway 192.168.0.1
```

其中,auto eth0 是设置系统开机启动时激活 eth0;也可以使用 allow-hotplug eth0,表示内核探测到热插拔的网络设备即激活。

配置完成后,使网卡配置重新生效:

```
auto eth0 ifdown eth0 && ifup eth0
```

(2)配置主机名

使用 hostname 命令设置主机名,可立即生效。如果要永久保留,则要写入/etc/hostname。

要查看主机名是否生效,可以用 hostname 直接查看,或者使用 cat /proc/sys/kernel/hostname 命令。

(3)配置主机的域名

域名通常不是由主机自己决定的,而是由 DNS 服务器进行指向解析。但是在本地/etc/hosts 文件中最好记录本地地址的对应名称,格式如下:

```
127.0.0.1 localhost
127.0.0.1 server01.test.com   server01
```

在/etc/nsswitch.conf 文件中定义了系统通过域名查找 IP 的顺序是先查询 host 文件,再查询 DNS。

```
host files dns
```

(4)DNS 服务器的配置

手动编辑/etc/resolv.conf。

```
nameserver  223.5.5.5
```

NOTE

如果系统里没有安装 resolvconf 软件，则需要手动创建并编辑/etc/resov.conf 文件。

在一个网卡上配置多个 IP：

```
iface eth0 inet dhcp
metric 0
iface eth0:0 inet static
address 192.168.0.1
netmask 255.255.255.0
network 192.168.0.0
metric 1
```

NOTE

IPv4 路由度量操作工具 Metric 参数的值越小，优先级越高。当系统内存在相同的路由路径时，数据包优先选择从配置了较小 Metric 值的网卡发送出去。例如，如果 DHCP 获得的也是 192.168.0.0 网段的 IP 地址，那么要发送数据包到 192.168.0.0 网段，则是将数据包通过 eth0 发出去，这可以用于改变接口的 IPv4 流量路由优先级。较低的度量有更高的优先级。

任务三　使用命令行配置 IP

可以使用 ifconfig route IP 等命令，配置后立即生效，重启系统（重启网络服务）后命令行设置失效（除非持久到写入 interfaces 配置文件中），推荐使用 IP 命令（新一代的网络配置工具）。以下是部分常用的 IP 命令用法。

查看网卡 IP 信息：

```
# ip addr show
# ip addr show eth0
```

查看网络连接状态：

```
# ip link show
```

添加和删除 IP：

```
# ip addr add 192.168.139.168/24 dev eth0
# ip addr del 192.168.139.129/24 dev eth0
```

路由操作：

```
# ip route show
# ip route del default dev eth0
# ip route add to default via 192.168.139.2 dev eth0
# ip route add to 192.168.10.0/24 via 192.168.139.123 dev eth0
```

其他有用的命令，如：
监测物理网卡的连接状态，需要网卡支持：

```
# mii-tool-w eth0
```

下面这个命令可以使 eth0 上的 LED 闪烁 30 s：

```
# ethtool-p eth0 30
```

此外，还有一些实用的命令，比如 dhclient netstat nmap tcpdump wireshark nc 等，请自行查阅相关的用途和用法。

任务四 远程管理 Linux 系统初探

当 Linux 主机建立，网络连接后，便可以进行远程网络访问和系统管理。SSH 是最通用的远程系统管理工具之一，它允许用户登录远程系统并在其上执行命令。SSH 使用加密技术在网络传输数据，具有很高的安全性。

在 Linux 系统中，SSH 服务默认启动，并且无须配置即可使用。将 Linux 主机作为服务器端，在网络连接畅通的情况下，使用 SSH 客户端工具可以很方便地连接到 Linux 主机。

根据不同的系统环境，有多种 SSH 客户端软件，而且大多数是开源软件。

①Linux 系统自带客户端。

②Windows 系统需要下载（安装）SSH 客户端。

（1）Linux 系统下的 SSH 客户端

Linux 系统下的 SSH 客户端即默认自带的 SSH 命令。

示例：使用 SSH 命令连接 Linux 主机。

```
[demo@ localhost ~] $ ssh zhangsan@ 192.168.148.131
The authenticity of host'192.168.148.131(192.168.148.131)'can't be established.
RSA key fingerprint is 2b:86:16:de:86:31:91:0d:ae:0a:a3:bd:59:23:06:76.
Are you sure you want to continue connecting(yes/no)? yes
Warning:Permanently added'192.168.148.131' (RSA)to the list of known hosts.
reverse mapping checking getaddrinfo for bogon [192.168.148.131] failed-POSSIBLE BREAK-IN
ATTEMPT!
```

```
zhangsan@ 192.168.148.131's password:
[zhangsan@ 365linux ~]$
```

以上命令使用 zhangsan 用户身份连接登录 192.168.148.131 这台主机。zhangsan 是远程服务器上的用户。如果在连接时不指定用户（即 SSH 命令后面直接跟 IP 地址），则 SSH 命令使用当前执行命令的用户身份尝试登录远程主机，这需要远程主机上必须存在和本地客户端主机相同的用户。

第一次建立连接时，需要进行身份确认。在询问是否继续时输入"yes"。

输入远程主机的 IP 地址及登录用户的密码，即可成功登录。

登录成功后，当前终端环境变成远程主机的终端环境。

示例：退出远程主机登录。

```
[zhangsan@ 365linux ~]$ exit
logout
Connection to 192.168.148.131 closed.
```

（2）Windows 系统下的 SSH 客户端

Windows 系统下 SSH 客户端推荐：

PuTTY：开源软件，免费使用，软件小巧，免安装，方便携带。

XShell：商业软件，对学校、家庭使用免费，功能强大。

工作技巧

对于服务器远程管理客户端软件，首先选用开源软件，并且软件一定在官方网站上（建议使用 Google 进行搜索）下载原版（禁止使用所谓的汉化版或者破解版）。尽可能对下载的软件进行 MD5/SHA1 签名验证。一旦使用来路不明且含有木马后门的 SSH 客户端软件，将对服务器系统造成巨大的安全威胁。

示例：使用 PuTTY 远程连接 Linux 系统。

到 PuTTY 官方网站 http://www.putty.org/下载 PuTTY 软件，如图 7-2 所示，并进行签名验证。

无须安装，直接运行。填写 IP 地址和端口号（默认 22），单击"Open"按钮，如图 7-3 所示。

输入要登录的用户名，比如用 root 用户登录，然后输入用户密码（输入密码过程中，密码不会显示在屏幕上），如图 7-4 所示，按 Enter 键确定。

图 7-2　PuTTY 软件安装程序

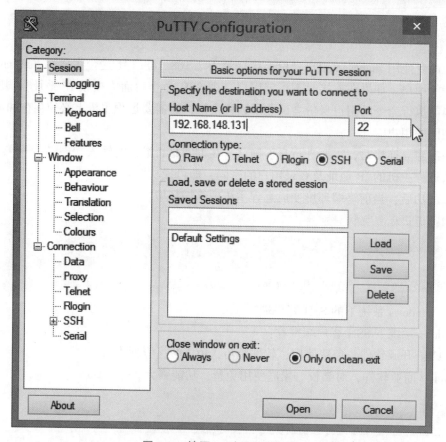

图7-3　填写 IP 地址和端口号

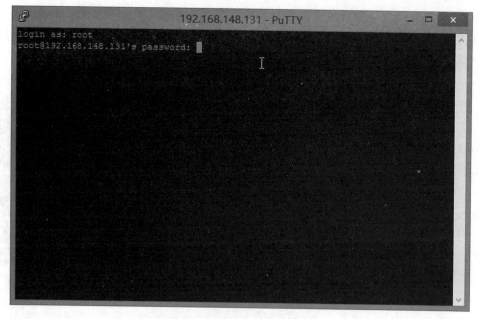

图7-4　输入用户名和密码

登录成功，效果如图 7-5 所示。

图 7-5　登录成功

工作技巧

> 在生产环境系统中，为安全起见，SSH 服务器一般配置为禁止 root 用户远程登录。正确的做法是使用一个普通用户账号登录到系统，当需要 root 权限时，再使用 su 或者 sudo 切换到管理员。

　　Linux 系统广泛应用于服务器领域，每一个服务的提供都依赖于网络通信，所以为系统建立网络连接是对系统进行配置的第一步。对单台主机的网络配置相对简单，而当服务器融入复杂的网络环境时，对于主机网络的配置，更多的是要考虑网络的规划及如何在复杂的网络环境中进行合理的连接，以在实现网络通信时保证网络的安全。这些都需要基本（甚至深入）的网络相关知识作为支持。对于非专职从事网络管理的系统工程师而言，至少要理解网络架构的设计及主机在该网络中所处的位置，当出现网络通信问题时，能够判断故障是发生在网络层面还是系统层面。

项目八
软件安装

【任务描述】

在使用桌面操作系统时，由于工作生活的需要，要在系统中安装各种软件包。同样地，Linux 操作系统不管是作为桌面端使用，还是作为服务器系统用于生产环境，都有大量的软件包可以选择安装。需要理解的是，不同操作系统平台的软件安装包一般是不能通用的。Linux 由于开源特性，操作系统版本众多，不同版本的操作系统，其软件包管理方式各不相同。

【学习目标】

1. 了解 Linux 系统不同的软件包的安装和管理方式。

2. 使用 DPKG 命令对 deb 包进行安装、查询、检验、卸载。

3. APT 的配置使用和软件仓库的搭建。

任务一　认识 Linux 系统软件包

1. DPKG

DPKG 是 Debian 的软件包安装管理工具。它的功能和 RPM 的一样强大。软件包一般以 deb 包的形式发布。

2. APT

APT（Advanced Package Tool）是一种和 YUM 类似的在线的软件安装管理机制，其功能强大，而且免费。APT 源自 Debian，但是它已经扩展到可以支持 RPM。

3. RPM

RPM 是 Red Hat 软件包管理器。RPM 包是一种预先已经编译好的二进制文件，其优点

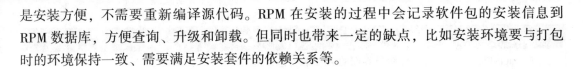

是安装方便，不需要重新编译源代码。RPM 在安装的过程中会记录软件包的安装信息到 RPM 数据库，方便查询、升级和卸载。但同时也带来一定的缺点，比如安装环境要与打包时的环境保持一致、需要满足安装套件的依赖关系等。

4. YUM

RPM 在安装过程中最大的问题就是要解决依赖关系，YUM 的出现克服了这一问题。YUM 是一种基于 RPM 的智能交互式的软件管理机制。使用 YUM 安装软件时，会通过分析 RPM 软件包的表头数据，从 YUM Server 上下载文件进行安装。

YUM 功能强大，可以用来安装、查询、升级和卸载软件包，还能更新系统，甚至搭建本地的 YUM 软件仓库。

5. Tarball

这是软件源码打包发布的一种形式。在安装时，需要参考它提供的安装说明文档进行编译安装。其优点是灵活性强，定制自由度高；缺点是安装过程稍微烦琐。

任务二　在 Debian 9 系统上安装和管理软件包

Debian 系统采用 deb 格式的二进制软件包，并使用 APT（Advanced Package Tool，高级软件包工具）来安装和管理 deb 软件包。系统管理员需要安装某个软件时，使用 APT 工具下载软件仓库中指定的二进制软件包，并自动安装到系统中。目前，官方的软件仓库中有超过 6 万个可用于 amd64 架构的软件包。

Debian 软件包管理系统有许多可供选择的工具来管理软件包，见表 8-1。

表 8-1　Debian 软件包管理工具列表

软件包	说明
dpkg	基于文件操作的 Debian 底层软件包管理系统
apt	使用命令行管理软件包的 APT 前端，包括 apt、apt-get、apt-cache 命令
aptitude	使用全屏控制台交互式管理软件包的 APT 前端
tasksel	用来安装可选择的任务的 APT 前端
unattended-upgrades	用于 APT 的增强软件包，会自动安装安全更新
gnome-software	GNOME 软件中心，是一个图形化的 APT 前端
synaptic	图形化的软件包管理工具，是 GTK 的 APT 前端
apt-utils	APT 实用程序，包含 apt-extracttemplates、apt-ftparchive 和 apt-sortpkgs
apt-listchanges	软件包历史更改提醒工具
apt-listbugs	在每次 APT 安装前列出严重的 bug

续表

软件包	说明
apt-file	命令行界面的 APT 软件包搜索工具
apt-rdepends	递归列出软件包依赖

在日常的学习和工作中，通常推荐使用 apt 和 aptitude 命令行工具。这里使用 apt 来演示 Debian 系统软件包的查询、安装和卸载。

NOTE

建议用户在命令行交互式场景中使用 apt，而在 shell 脚本中使用 apt-get 和 apt-cache 命令。

示例：使用 apt autoclean 清除过时的软件包检索文件。

```
root@ 365linux:~# apt autoclean
```

示例：使用 apt update 命令更新软件仓库的软件包元数据。

```
root@ 365linux:~# apt update
```

示例：使用 apt search 命令通过关键字查询软件包。

```
root@ 365linux:~# apt searchvsftpd
```

示例：使用 apt policy 命令检查软件包的状态。

```
root@ 365linux:~# apt policyvsftpd
```

示例：使用 apt show 命令查看软件包有关的信息。

```
root@ 365linux:~# apt showvsftpd
```

示例：使用 apt install 命令安装指定的软件包。

```
root@ 365linux:~# apt installvsftpd
```

示例：使用 apt remove 命令卸载指定的软件包，但保留其配置文件。

```
root@ 365linux:~# apt removevsftpd
```

示例：使用 apt purge 命令卸载指定的软件包，并删除其配置文件。

```
root@ 365linux:~# apt purgevsftpd
```

示例：使用 apt autoremove 命令删除系统不再需要的软件包。

```
root@ 365linux:~# apt autoremove
```

示例：使用 apt upgrade 命令升级系统已安装的软件包，但不会移除任何其他的软件包。

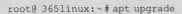

```
root@ 365linux:~# apt upgrade
```

示例：使用 apt full-upgrade 命令升级系统已安装的软件包，并且需要的话会移除其他的软件包。

```
root@ 365linux:~# apt full-upgrade
```

APT 软件管理工具默认从 Debian 的官方软件仓库下载用户指定安装的软件包。可以通过修改软件源的配置文件/etc/apt/sources.list 中的下载地址来更改软件仓库，以获得更快的下载速度。Debian 全球镜像站查询网址为 https://www.debian.org/mirror/list。国内常用的镜像站点有：

http://mirrors.163.com/debian/

http://mirrors.ustc.edu.cn/debian/

http://mirrors.tuna.tsinghua.edu.cn/debian/

http://mirror.nju.edu.cn/debian/

项目九
磁盘管理

【任务描述】

在安装 Linux 系统时，根据服务器的用途，需要对硬盘进行合理分区规划。在系统运行的过程中，随着业务的发展变化，数据存储的要求不断增长，也需要对磁盘存储进行调整和管理。目前在服务器上使用得最多、技术最成熟可靠的仍然是传统的机械硬盘。随着技术的发展，在相当多的领域也使用了基于闪存技术的 SSD 硬盘。

【学习目标】

1. 理解分区和文件系统的基本概念。
2. 对磁盘分区、格式化、挂载和卸载。

任务一　了解分区和文件系统的基本概念

硬盘是由多个盘片组成的，按照硬盘能够容纳的数据量，分为单盘（一块硬盘里面只有一个盘片）和多盘（一块硬盘里面有多个盘片）。

硬盘里有磁头（head），在磁盘上读写，磁头固定在机械手臂上，机械手臂上有多个磁头，可以进行读写。当磁头固定不动时，盘片转一圈所画出来的圆就是磁道（track）。如前所述，一块硬盘可能有多个盘片，所有硬盘上相同半径的磁道就组成了柱面（cylinder）。在旧的系统的版本中，柱面是分区时的最小计量单位。

由圆心向外画直线，可以将磁道再细分为扇区，扇区就是硬盘上的最小存储物理量。通常一个扇区的大小约为 512 字节，而在新的 Linux 的版本中，分区的最小计量单位是扇区。

当硬盘读取数据时，硬盘会转动，利用机械手臂将磁头单方向地来回移动，定位到正确的数据位置，将数据准确读出。硬盘的磁头与硬盘片的接触空间很细微，如果有抖动或者有脏污，就会造成数据或物理硬盘的损坏。所以，在使用计算机的过程中，不要移动主机，以避免硬盘抖动。关机时，使用正确的关机方式而不是直接关闭电源，因为正确关机过程中，系统会使硬盘的机械手臂回归原位。

目前新兴的固态硬盘在物理构造上与传统的机械硬盘完全不同，用电子芯片存储取代了磁介质存储，因此，在 SSD 固态硬盘中没有磁头的机械运动和盘片的转动。

在对硬盘分区之前，必须了解根分区和文件系统的一些基本概念。

（1）MBR

主引导记录（Master Boot Record，MBR），是计算机系统开机后访问硬盘时必须要读取的首个扇区，它在硬盘上的三维地址为 0 柱面、0 磁头、1 扇区。所以，MBR 的容量大小就是一个扇区的大小，即 512 字节。其中，开头的 446 字节内容为系统的（MBR）信息，为避免混淆，称为 Boot Loader；其后的 64 字节被分成 4 个 16 字节的磁盘分区表（Disk Partition Table，DPT）及 2 字节的结束标志（55AA）。

标准 MBR 结构见表 9-1。

表 9-1　标准 MBR 结构

地址				描述	长度/B
Hex	Oct	Dec			
0000	0000	0		代码区	440 （最大 446）
01B8	0670	440		选用磁盘标志	4
01BC	0674	444		一般为空值 0x0000	2
01BE	0676	446		标准 MBR 分区表规划 （四个 16 B 的主分区表入口）	64
01FE	0776	510	55h	MBR 有效标志： 0x55AA	2
01FF	0777	511	AAh		
MBR，总大小：446+64+2					512

很显然，与硬盘分区有关的是分区表（Partition Table），它的 4 个 16 字节的固定设计决定了一个硬盘最多只能够分出 4 个主分区。如果需要 5 个以上的分区，那么就需要将其中一个主分区变为扩展分区，在扩展分区的基础上再建立逻辑分区。

（2）文件系统

硬盘是用来存储数据的，即存放系统和用户的文件，而分区的文件系统规定了数据存储单元在硬盘上排列的规则。不同的文件系统，存储数据的方式不一样，这些不同的文件系统可以共存于同一个系统的硬盘之上，但不能共存于同一个磁盘分区之上。Linux 通过 VFS（Virtual File System，虚拟文件系统）支持多个不同的文件系统，能够与不同的操作环境实现资源共享。

示例：查看当前 Linux 系统支持的文件系统。

```
[root@ 365linux~]#ls-l /lib/modules/'uname-r'/kernel/fs
```

示例：查看当前系统启用的文件系统。

```
[root@ 365linux~]# cat /proc/filesystems
```

默认情况下，Linux 采用 ext4 文件系统。

任务二　建立和使用磁盘分区

1. 使用 fdisk 命令进行分区操作

（1）查看现有的系统磁盘分区

```
[root@ 365linux ~]#fdisk-1

Disk /dev/sda:21.5 GB,21474836480 bytes
255 heads,63 sectors/track,2610 cylinders,total 41943040 sectors
Units = sectors of 1* 512 = 512 bytes
Sector size(logical/physical):512 bytes / 512 bytes
I/O size(minimum/optimal):512 bytes / 512 bytes
Disk identifier:0x000caf05


  Device Boot    Start      End     Blocks   Id  System
/dev/sda1    *   2048    1026047   512000    83  Linux
/dev/sda2      1026048   9414655  4194304    82  Linux swap/Solaris
/dev/sda3      9414656  41943039 16264192    83  Linux


Disk /dev/sdb:10.7 GB,10737418240 bytes
255 heads,63 sectors/track,1305 cylinders,total 20971520 sectors
Units = sectors of 1* 512 = 512 bytes
Sector size(logical/physical):512 bytes / 512 bytes
I/O size(minimum/optimal):512 bytes / 512 bytes
Disk identifier:0x00000000
```

查看整个系统内的设备分区列表。通过分析列出的信息，可以了解到该硬盘的使用情况。如上述代码中显示，该系统中存在两块硬盘，名称分别为 sda 和 sdb。其中，sda 是在安装系统时进行了规划，从命令输出的结果可知，它的容量大小为 21.5 GB，共有 41 943 040个扇区；sdb 的容量是 10.7 GB，有 20 971 520 个扇区。

sda 被分成 3 个分区：sda1、sda2 和 sda3，从分区的起始扇区可以看到三个分区连续排列，并且分区 sda3 的最后结束扇区为 41 943 039，接近硬盘的扇区总数，说明该硬盘已没有剩余的空间可以进行分区操作。

sdb 则是一个没有任何分区的完整的空闲的硬盘。接下来使用 fdisk 的命令对 sdb 进行分区的操作。

（2）分区操作

使用 fdisk 命令进入交互分区模式：

```
[root@ 365linux ~]#fdisk  /dev/sdb
Device contains neither a valid DOS partition table,nor Sun,SGI or OSF disklabel
Building a new DOS disklabel with disk identifier 0x1dfc88be.
Changes will remain in memory only,until you decide to write them.
After that,of course,the previous content won't be recoverable.

Warning:invalid flag 0x0000 of partition table 4 will be corrected by w(rite)

Command(m for help):n  //键入 n 创建新的分区,可以通过键入 m 获得命令的帮助
Command action
  e   extended
  p   primary partition(1-4)
p  //键入 p 选择创建主分区
Partition number(1-4):1   //分区编号为 1
First sector(2048-20971519,default 2048):  //起始扇区,默认为 2 048
Using default value 2048
Last sector,+sectors or+size{K,M,G}(2048-20971519,default 20971519):+2 G  /* 分区结束扇区,
可以使用扇区数,也可以使用单位大小,比如+2 G 即表示分 2 GB 大小的分区,比较直观。* /

Command(m for help):p  //分完区后,输出当前的分区表查看 sdb 的分区情况

Disk /dev/sdb:10. 7 GB,10737418240 bytes
255 heads,63 sectors/track,1305 cylinders,total 20971520 sectors
Units = sectors of 1 *  512 = 512 bytes
Sector size(logical/physical):512 bytes / 512 bytes
I/O size(minimum/optimal):512 bytes / 512 bytes
Disk identifier:0x1dfc88be

  Device Boot      Start      End      Blocks  Id  System
/dev/sdb1         2048     4196351    2097152  83  Linux

Command(m for help):w   //键入 w 保存分区表到 MBR 的第二区域 DPT
The partition table has been altered!

Calling ioctl to re-read partition table.
Syncing disks.
```

使用 fdisk 对分区进行新建、修改、删除的操作。在键入 w 保存命令之前,都是没有写入分区表的,随时可以撤销;或者键入 q 不保存退出。

NOTE

fdisk 命令工具创建的 DOS 格式的分区表,是一种最常见并且最大限度兼容别的操作系统的分区表,但其最多只能支持 2 TB 的分区大小。

工作技巧

在生产环境中，通常情况下不允许对正在使用的硬盘进行分区操作，比如对已经安装并正在运行的操作系统的硬盘进行分区是不允许的。即使在特殊的情况下必须对正在使用的硬盘进行分区，分区调整后保存到分区表，这时正在运行的系统内核并不会识别新的分区表，也就是说，调整后的分区不会被系统识别。必须进行重启或者使用 partx 命令强制系统识别新的分区表，使其生效。

（3）创建文件系统

示例：将/dev/sdb1 格式化为 ext4 的文件系统。

```
[root@ 365linux ~]#mkfs.ext4 /dev/sdb1
```

2. 挂载和使用磁盘分区

示例：将/dev/sdb1 挂载自定义的/data 目录。

```
[root@ 365linux ~]#mkdir /data
[root@ 365linux ~]# mount /dev/sdb1 /data
```

要使用 Linux 分区，在格式化完成后，还需要对分区进行挂载。所谓挂载，就是将需要使用的分区载入某一个目录。该目录称为挂载点。挂载点必须提前存在，挂载成功后，在挂载点目录下创建的所有文件实际上就存储在挂载的该目录下对应的分区上。

NOTE

若挂载点本身非空，载入分区后，原目录下的文件会暂时"消失"（不可访问），被挂载上来的分区上的内容所取代，等到该分区被卸载后，原目录中的文件就会再次显示。一般不会使用非空的目录作为常用的挂载点。

示例：查看分区挂载情况。

```
[root@ 365linux ~]#df-h
Filesystem    Size  Used  Avail  Use%  Mounted on
/dev/sda3     16G   626M  14G    5%      /
tmpfs         947M  0     947M   0%    /dev/shm
/dev/sda1     477M  23M   429M   6%    /boot
/dev/sdb1     2.0G  3.0M  1.9G   1%    /data
```

使用 mount 命令挂载分区到挂载点，可以立即生效，但是系统重启后不会自动挂载。如果需要在系统每次开机时都自动将指定的分区挂载到某个特定的目录，则需要将挂载信息写入系统的配置文件中。

示例：/dev/sdb1 开机自动挂载到/data 目录。

```
[root@ 365linux ~]# vim /etc/fstab
...
/dev/sdb1              /data                 ext4      defaults      0 0
```

在 fstab 配置文件的最后添加一行挂载记录。fstab 文件格式分为 6 列，每一列的内容含义如下：

① 设备名或者设备的卷标。

② 挂载点。

③ 分区的文件系统类型。

④ 文件系统的挂载参数。

⑤ 是否使用 dump 命令备份，0 表示不要进行 dump 备份，1 表示进行 dump 备份，2 表示进行 dump 备份，但重要性比 1 小。

⑥ 是否使用 fsck 命令检验，0 表示不要检验，1 是要检验，2 是要检验，不过优先级小于 1。

工作技巧

> 在 fstab 中，分区的设备名称不推荐使用/dev/sdb1，因为如果以后对该分区所在的硬盘进行分区调整，其分区号数字可能会发生变化。所以更推荐使用 LABLE 或者 UUID 格式。

3. 卸载分区

如果是临时挂载使用某个分区，在使用完成后，可以将其卸载。卸载之后，分区上的数据将无法访问。

示例：通过分区设备名称卸载。

```
[root@ 365linux ~]#umount /dev/sdb1
```

示例：通过挂载点卸载。

```
[root@ 365linux ~]#umount /data
```

NOTE

> 需要特别注意的是，在卸载分区之前，先要确保该分区数据未被使用，包括当前用户退出其挂载点目录。

在 Linux 系统管理的工作中，对存储设备的管理是日常操作之一。通过本项目，了解了磁盘存储的物理结构构成、分区的实质、分区的意义和具体操作。因为 Linux 的基于文件的设计理念，所以对分区的访问需要通过一个目录作为分区对应的入口，这个目录即被称为挂载点。这一点必须要深刻理解，在工作中，灵活运用这样的特性，可以发掘出实际使用的很多技巧，比如数据的迁移。

Linux 对多种文件系统都能很好地支持，而且在使用上保持了一致性，比如，对 FAT 或 NTFS 文件系统的支持、对远程文件系统的挂载使用、对 SWAP 交换分区的调整等。

项目十
计划任务

【任务描述】

人们在工作和生活中经常需要制订计划，比如计划在某个时间点外出，或者计划好每周一的 10:00 召开会议。操作系统在运行时也需要制订各种计划，让它定时自动运行，比如定时关机、周期性地自动清理系统等。计划任务一般分为两种情况：在未来某个时间点执行的一次性计划任务；在未来某个时间点周期性循环执行的计划任务。

【学习目标】

1. 一次性计划任务 at 的使用。

2. 周期性计划任务 cron 的使用。

任务一　创建一次性的计划任务

有些计划任务只需要执行一次就完成了，这种情况下，Linux 系统使用 at 命令进行任务分配。

示例：在 2015 年 3 月 23 日执行命令 wall "hello"。

```
[root@ 365linux ~]# at 16:50 03232015
at> wall "hello"
at> <EOT>
```

任务指令输入完后，按快捷键 Ctrl+D 存盘退出。

at 命令指定时间的书写格式非常灵活，如：

at 5:30pm

at now+5minutes

at 17:30 tomorrow

更多 at 支持的时间格式可以通过 man at 来查看。

示例：查询当前等待执行的任务。

```
[root@ 365linux ~]# atq
3       2010-03-23 16:50 a root
```

任务编号 3 即通过 atq 查询得到的任务编号。

示例：删除一个等待的任务。

```
[root@ 365linux ~]# atrm 3
```

NOTE

默认情况下，任何用户都可以使用 at 服务，但这样对于系统来说不是很安全。可以通过/etc/at.allow、/etc/at.deny 两个文件进行白名单和黑名单的设置。

只有在 at.allow 中记录的用户才可以使用 at 服务。

在 at.deny 中记录的用户不可以使用 at 服务。

一般来说，系统只需要二者中的一个记录文件即可。

示例：查看系统中保存计划任务的文件。

```
[root@ 365linux ~]# ls /var/spool/at/
a000040142cf1a
```

at 的计划任务记录文件默认放在/var/spool/at 目录下，当 at 命令创建一个任务后，会在该目录下建立一个文件，该文件包含了将被执行的命令。如果将文件删除，那么对应的计划任务也会消失。

任务二　在系统中创建周期性执行的计划任务

如果计划任务需要循环执行，可以通过 crond 命令来控制。系统有很多工作是需要定时进行的，比如日志轮替、一些系统数据库的定期更新等，所以这个服务默认是启动的。

除了系统的计划任务，用户可以通过 crontab 命令来自定义用户的计划任务。

示例：root 用户创建一个计划任务，每天凌晨 3 点整执行脚本/root/test.sh。

```
[root@ 365linux ~]# crontab-e
0 3 * * * /root/test.sh
```

使用 crontab-e 命令进入计划任务的编辑界面，使用 vi 编辑工具对任务的时间和要执行的命令进行书写或修改。5 个时间参数的含义见表 10-1。

表 10-1　cron 时间含义

域	分钟	小时	日期	月份	周
范围	0~59	0~23	1~31	1~12	0~7

另外，特殊字符的用法如下：

"*"表示任何时间都接受。

","表示分隔的时段都适用，如"1,3,5"表示某一个域内1、3、5都适用。

"-"表示一段时间范围都适用，如"2-5"表示2、3、4、5都适用。

"/"表示每隔多少时间，如在分钟域的"*/5"表示每隔5分钟。

示例：列出当前用户的周期性计划任务列表。

```
[root@ 365linux ~]# crontab-l
0 03 * * * /root/test.sh
```

示例：删除当前用户所有的计划任务。

```
[root@ 365linux ~]# crontab-r
```

如果只是要删除部分，则使用 crontab-e 命令即可。

示例：查看系统中保存的用户周期性计划任务文件。

```
[root@ 365linux cron]# ls /var/spool/cron/
root
```

cron 计划任务的记录文件放在/var/spool/cron 目录下。

工作技巧

当用户在系统中创建多个 cron 周期性计划任务时，每个任务执行的时间点应该不同，并保持一定的时间间隔，比如每天执行的任务放在 02:10，每周执行的任务放在 03:20，每月执行的任务则放在 04:10。这样避免在某些特定日子任务集中在一起执行，以免消耗过多的系统资源。另外，周期性计划任务一般安排在系统负载较低的时候自动运行，比如凌晨。

系统需要定时运行的任务在/etc/crontab 文件中进行定义。

示例：查看/etc/crontab 配置文件内容。

```
[root@ 365linux ~]# vim /etc/crontab
SHELL=/bin/bash
PATH=/sbin:/bin:/usr/sbin:/usr/bin
MAILTO=root
HOME=/
```

```
# For details see man 4 crontabs
# Example of job definition:
#.----------------minute(0-59)
# |  .-------------hour(0-23)
# |  |  .----------day of month(1-31)
# |  |  |  .-------month(1-12 OR jan,feb,mar,apr...)
# |  |  |  |  .----day of week(0-6(Sunday=0 or 7 OR sun,mon,tue,wed,thu,fri,sat))
# |  |  |  |  |
# *  *  *  *  *  user-name command to be executed
```

默认情况下，该配置文件中并没有定义任何的周期性计划任务。用户可以添加系统级别的计划任务到该配置文件中，使用某个时间点，以某个用户的身份，执行什么任务这样的格式。

系统运行所必需的计划任务事件在/etc/cron.d中定义和调用。

用户可以制订自己的计划任务。系统计划任务只有管理员可以编辑。

计划任务是非常实用的功能，系统管理员常利用计划任务进行定期检查、数据备份、发送通知等，通过编写脚本，使计划任务定期自动执行。为了保证计划任务正常执行，尤其是系统中存在必要的cron周期性任务时，必要保证atd和crond两个服务开机自动运行。

在编辑计划任务的时候，需要注意三个问题：

①避免不必要的屏幕输出信息发送。

②多个任务要时间交错执行。

③命令使用绝对路径。

工作技巧

　　在系统中，计划任务是定时自动运行的，所以计划任务也是系统被入侵后自动执行恶意脚本的手段之一。

项目十一
状态检测

【任务描述】

系统管理员要定期对运行中的系统进行健康检查，通过系统进程的状态、进程对系统资源的占用，分析系统的运行状况，解决故障或排除潜在问题。

【学习目标】

1. 系统进程的控制。
2. 系统状态的检测。
3. 系统内核信息查看与修改。

任务　查看和管理系统进程

1. 进程的概念

进程是 Linux 用来表示正在运行的程序的一种抽象的概念。Linux 系统上所有运行的内容都可以称为进程，包括用户任务、批处理进程和守护进程。进程的一个比较正式的定义是：在自身的虚拟地址空间运行的一个单独的程序。

进程一般来说由程序产生，但不等同于程序。进程是一个动态的概念。一个程序可以启动多个进程。

运行一个程序则触发一个事件，这个事件被称为作业。在 bash 环境下，可以对作业进行管理，比如将作业放置到后台或前台、暂停或启动程序等。

系统最开始的进程是 init。init 的 PID（进程号）始终为 1。

一个进程可以产生另外一个进程。如在登录的 bash 下执行 cat 命令，则 cat 就是 bash 的子进程。通过 pstree 或 ps-ely 可以清楚地知道进程之间的关系。除了 init 进程外，所有的进程都有父进程。当一个进程不正常时，可以通过追踪它的父进程来确定进程的作用，并采取适当的措施。如果父进程在子进程终止之前消亡，那么这个"孤儿"将会被 init "收养"。

一般来说，子进程会继承父进程的权限。进程的 UID 就是其创建者的 UID 号。那么，系统只允许进程所有者和 root 对其进行操作。同时，EUID 规定了进程对哪些资源和文件有访问的权限。

示例：查看进程状态。

```
[root@ 365linux ~]# ps aux
USER    PID  %CPU  %MEM   VSZ   RSS  TTY   STAT  START  TIME  COMMAND
root     1    0.0   0.1   2064   624   ?    Ss    Mar03  0:01  init [3]
root     2    0.0   0.0    0     0     ?    S<    Mar03  0:00  [migration/0]
root     3    0.0   0.0    0     0     ?    SN    Mar03  0:00  [ksoftirqd/0]
root     4    0.0   0.0    0     0     ?    S<    Mar03  0:00  [watchdog/0]
root     5    0.0   0.0    0     0     ?    S<    Mar03  0:00  [events/0]
```

ps 用来查看进程信息，其功能强大，用法也比较复杂，最常用的参数有 ps aux、ps-ef 和 ps-ely。

选项说明如下：

a：显示所有进程，但不包括不属于任何终端的进程。

u：显示进程拥有者、状态、资源占用等详细信息（注意有 "-" 和无 "-" 的区别）。

x：显示没有控制终端的进程。

-e：显示所有进程。

-f：显示全格式。

-l：显示长格式。

-y：与-l 配合使用。

输出中每列的意义：

USER：进程拥有者，即创建者。

PID：进程 ID 号。

%CUP：占用 CPU 的百分比。

%MEM：占用内存的百分比。

VSZ：占用虚拟内存的大小（KB）。

RSS：占用物理内存的大小（KB）。

TTY：当前进程执行终端号。

STAT：该进程的状态。D，不可中断的睡眠状态，除非发生指定事件，否则不会被唤醒；R，正在执行中；S，睡眠状态，可被某些信号唤醒；T，暂停执行；Z，僵尸进程，例如已终止但未能被父进程回收的子进程；N，低优先级进程；<，高优先级进程；L，有内存分页分配并锁在内存中；s，一个会话的前导字符；l，多线程；+，前台进程。

START：进程开始时间。

TIME：进程实际使用 CPU 运行的时间。

COMMAND：进程实际命令。

查看进程的其他常用命令：

pstree 是以进程树的形式显示进程之间的父子关系的。

pgrep 是以进程名字或属性（如进程 UID）来显示查找进程的 PID 的。

示例：查看系统即时运行状态（资源管理器）。

```
[ root@ 365linux ~]# top
top-01:44:09 up  5:17,  3 users,  load average:0.00,0.00,0.00
Tasks:  65 total,  1 running,  64 sleeping,  0 stopped,  0 zombie
Cpu(s):  0.0% us,  0.0% sy,  0.0% ni,99.7% id,  0.0% wa,  0.0% hi,  0.3% si,  0.0% st
Mem:   515444k total,  435564k used,   79880k free,   58088k buffers
Swap: 1052248k total,      0k used, 1052248k free,  327472k cached


PID USER   PR NI  VIRT  RES  SHR  S %CPU %MEM   TIME+   COMMAND
 1  root   15  0  2064  624  536  S  0.0  0.1  0:01.19  init
 2  root   RT -5     0    0    0  S  0.0  0.0  0:00.00  migration/0
 3  root   34 19     0    0    0  S  0.0  0.0  0:00.00  ksoftirqd/0
 4  root   RT -5     0    0    0  S  0.0  0.0  0:00.00  watchdog/0
```

top 命令是 Linux 下常用的性能分析工具，能够实时显示系统资源占用状况。

top 命令显示结果上半部分是系统整体的统计信息，分别表示：

当前时间是 01:44:09，系统运行时间是 5 小时 17 分，当前有 3 个用户登录，系统负载：1 分钟 0.00、5 分钟 0.00、15 分钟 0.00。

进程总数 65 个：1 个在运行，64 个在睡觉，0 个暂停，0 个僵死。

CPU 占用百分比：用户空间占用 0.0%，内核空间占用 0.0%，用户进程空间内改变过优先级的进程占用 CPU 的百分比为 0.0%，CPU 空闲 99.7%，等待输入/输出的 CPU 时间为 0.0%。

物理内存大小是 512 444 KB：435 564 KB 被使用了，79 880 KB 空闲，58 088 KB 用作缓存。

交换空间的大小是 1 052 248 KB：0 KB 被使用了，1 052 248 KB 空闲，缓冲交换区的大小是 327 472 KB。

top 命令显示结果的下半部分是各进程的详细信息。每列的含义见表 11-1。

表 11-1　top 进程信息

序号	列名	含义
A	PID	进程 PID 号
E	USER	进程拥有者的用户名
H	PR	优先级
I	NI	NICE 值，负值表示高优先级，正值表示低优先级
O	VIRT	进程使用的虚拟内存总量，单位 KB。VIRT=SWAP+RES
Q	RES	进程使用的、未被换出的物理内存大小，单位 KB。RES=CODE+DATA

续表

序号	列名	含义
T	SHR	共享内存的大小，单位为KB
W	S	进程状态
K	%CPU	上次更新到现在CPU时间使用百分比
N	%MEM	进程使用内存百分比
M	TIME+	进程使用CPU时间
X	COMMAND	程序或命令名称

这是top命令默认显示的列。可以在top输出界面下，按f（或F）键显示所有的列，按相应的序列号可显示或隐藏对应的列，按Enter键确认。

在top的执行过程中，还可以使用以下按键命令：

?：输出top按键命令的帮助信息。

P：按CPU的使用资源排序显示。

M：按内存的使用资源排序显示。

N：按PID排序。

T：按该进程使用的CPU时间累积排序。

k：给某个PID一个信号（signal），默认值是信号15。

r：重新安排一个进程的优先级别。

i：忽略（显示）闲置和僵死的进程。

S：切换到累计模式。

s：改变两次刷新之间的时间，默认是5秒。

l：切换显示平均负载和启动时间信息。

m：切换显示内存信息。

t：切换显示进程和CPU状态信息。

c：切换显示命令名称和完整命令行。

W：将当前设置写入~/.toprc文件中。这是写top配置文件的推荐方法。

q：退出程序。

top命令常用的选项：

-d：后面可以接秒数，指定每两次屏幕信息刷新之间的时间间隔。

-p：指定某个进程来进行监控。

-b-n：以批处理方式执行top命令。通常使用数据流重定向，将处理结果输出为文件。

2. 进程控制

示例：以nice值为-20运行top命令。

```
[root@ 365linux ~]# nice-n-20 top
```

Linux 系统中每个进程都有一个优先级（priority，PR），PR 值越小，表示优先级越高，则越被优先执行。NI 值是可以设定的，取值范围（root 用户为 $-20 \sim 19$，普通用户为 $0 \sim 19$）。NI 的正负影响到 PR 值，所以可以通过设定 NI 值来提升或降低进程的优先级。普通用户仅能降低（增加 NI 值）属于自己进程的优先级。

示例：临时修改进程的优先级。

```
[root@ 365linux ~]# renice 10 3942
```

将 PID 为 3942 的进程的 NICE 值改为 10。前文提到，也可以通过 top 命令中的 r 按键来修改 NI 值。

示例：终止进程。

```
[root@ 365linux ~]# kill 3942
```

kill 命令是发送一个信号给进程。默认是发送 15（TERM）终止。

示例：强制中断 PID 为 3942 的进程。

```
[root@ 365linux ~]# kill-9 3942
```

示例：平滑重启进程。

```
[root@ 365linux ~]# kill-HUP 3942
```

示例：终止所有 HTTPD 启动的进程。

```
[root@ 365linux ~]# killall httpd
```

示例：结束用户 user001 的所有进程。

```
[root@ 365linux ~]#pkill-9-U user001
```

示例：查看哪个进程在使用该文件。

```
[root@ 365linux ~]# fuser /var/run/atd.pid
```

示例：查看哪些进程监听了 80 端口。

```
[root@ 365linux ~]# lsof-i :80
```

示例：查看 HTTPD 相关的进程 PID 号。

```
[root@ 365linux ~]# pidof httpd
```

3. 收集系统运行状态信息

示例：报告设备或分区的 I/O 相关的统计，每 3 s 刷新一次，报告两次。

```
[root@ 365linux ~]# iostat-d 3 2
```

示例：报告处理器相关的统计。

```
[root@ 365linux ~]# mpstat
```

示例：报告虚拟内存相关的统计。

```
[root@ 365linux ~]# vmstat
```

示例：报告系统运行时间和系统负载。

```
[root@ 365linux ~]# uptime
```

示例：收集、报告或者保存系统活动信息。

```
[root@ 365linux ~]# sar 2 3
```

示例：以多种格式显示 sar 收集的信息。

```
[root@ 365linux ~]# sadf
```

4. 虚拟文件系统

proc 目录是由 procfs 的文件系统产生出来的，是 Kernel 加载后，在内存里面建立的一个虚拟目录，包含系统运行时的内核信息、进程信息、硬件信息、网络设置和内存使用等，实际上就是系统运行时的内核状态在用户空间的显示。为了保障系统的稳定性，proc 目录内的文件不能进行写操作，但/proc/sys 目录下的一些文件内的参数可以使用重定向的方式进行开启、关闭或更改，以达到在系统运行时调整和优化内核参数的目的。

示例：查看 proc 文件系统的挂载状态。

```
[root@ 365linux ~]# mount
/dev/sda3 on / type ext3(rw)
proc on /proc type proc(rw)
...
```

示例：将 proc 挂载到另外的目录下。

```
[root@ 365linux vm]# mount-t proc /mnt /mnt
```

proc 目录内容介绍：

number：代表目前正在系统中运行的程序。

cpuinfo：CUP 硬件信息。

cmdline：加载 Kernel 执行的相关参数。

devices：/dev 目录中设备文件分类方式。

filesystems：系统已加载的文件系统。

interrupts：系统上 IRQ 分配状态。

ioports：系统上设备对应的 I/O 地址。

kcore：系统上的物理内存大小，不能使用 cat 命令查看。

meminfo：内存信息。

modules：系统上使用的模块。

partitions：系统分区信息。

net：网络相关的文件。

scsi：SCSI 设备信息。

sys：核心配置参数。

sys 中文件的设置值是在系统核心中使用的，部分参数可以实时更改。

示例： 实时打开内核网络转发的功能。

```
[root@ 365linux ipv4]# echo "1">/proc/sys/net/ipv4/ip_forward
```

通过 proc 调整内核参数是立即生效的，但不会保存（即下次重启失效）。用户可以通过修改/etc/sysctl. conf 文件设置内核参数默认值。

对进程的关注是 Linux 系统管理最关键的部分，查看每个进程的运行状况及对系统资源的占用，对优化系统性能、防范系统潜在的安全威胁都是非常重要的。

要熟悉系统/proc 虚拟文件系统的内容，特别对/proc/sys 目录有所留意。通过修改/proc/sys 内文件的设置值可以直接修改内核运行参数，实时改变系统运行状态。也可以通过对/etc/sysctl. conf 文件的修改来更改系统内核运行参数的默认值，以实现按需定制系统，提高系统性能和安全性。

项目十二
日志系统

【任务描述】

日志是系统守护进程、内核及各种工具在运行的过程中产生的信息记录。其作用是帮助管理员通过读取系统日志来获得系统信息、检查错误原因、追踪网络威胁等。

【学习目标】

1. 查看和分析系统常用的日志文件。
2. 日志产生的机制。
3. 日志切割与轮替机制。

任务一 查看系统日志

在 Linux 系统中，日志记录文件默认放在系统/var/log 目录下，大部分可以通过文本查看命令直接查看。但出于安全考虑，与连接登录有关的日志以二进制文件形式存在，需要用相关命令来查看。

常用的日志文件：

audit：存放系统安全审计的日志，通常与 SELinux 有关。

boot. log：系统引导过程日志。其从系统初始化开始，不包含内核引导，并且只保留最近一次的系统引导日志记录。

btmp：用户登录系统失败的日志记录。要使用 lastb 命令进行查看。

ConsoleKit/history：图形界面中普通用户管理员授权的历史记录。

cron：周期性计划任务日志。

cups：打印设备使用日志。

dmesg：引导时内核加载的日志。

gdm：图形界面相关的日志。

lastlog：显示系统中所有用户最后登录的时间。

libvirt：虚拟化相关的日志。

miallog：邮件服务器日志。

messages：系统通用日志记录文件（没有特别指定日志文件的日志信息都会记录到此文件）。

ntpstats：时间同步服务相关的日志。

pm-powersave. log pm-suspend. log：电源管理（挂起和休眠）相关的日志。

prelink/prelink. log：记录库中分配的虚拟地址空间位置。

sa：收集系统运行的状态信息。

secure：涉及账号或密码安全的信息。

wtmp：系统账号登录成功的日志记录，必须用 last 命令查看。

xorg. * . log：xorg 图形服务相关的日志。

很多服务日志会记录在/var/log/service_name 目录下进行归类管理，日志的存放位置可以自定义。

任务二　日志产生机制

syslog 是一个日志记录系统，在 RHEL6 中升级为 rsyslog，是 syslog 的多线程版本。它由一个守护程序组成，随系统启动并持续运行。它能接受系统应用产生的日志信息并且根据/etc/rsyslog. conf 的配置信息分类处理，将不同类别、不同程度的消息发送到不同的地方。

/etc/rsyslog. conf 的基本格式为：

选择域<tab>动作域

选择域指明发送日志的"设备"和消息的严重性级别；动作域指明如何处理这一消息（记录到文件或发送到设备）。

示例：来自邮件系统的 info 级别以上（包括 info）的消息记录到/var/log/maillog 文件中。

mail.info/var/log/maillog

设备的名称和消息严重性必须从已定义的值中选择。设备分别为内核、常用应用程序组及本地编写的程序进行定义。任何其他程序则归为普通设备"用户（user）"一类。

设备名称可以是 * 和 none，分别表示"所有（除了 mark）"和"没有"。多个设备用"，"隔开，当多个选择域使用同一动作域时，可以";"号连接。

示例：所有设备产生的严重性级别在 info 以上（含 info）的消息都记录到 massages 文件，但 mail、authpriv、cron 除外。

* .info;mail.none;authpriv.none;cron.none　　　/var/log/messages

rsyslog 识别的发送消息的设备见表 12-1。

表 12-1　发送消息的设备

auth	与安全和授权有关的命令
authpriv	敏感/保密的授权消息
cron	与计划任务有关
deamon	与系统守护进程有关
ftp	与 FTP 相关
kern	与 Kernel 相关
local0~7	本地消息的 8 种类型
lpr	与打印机有关
mail	与邮件系统有关
mark	由 syslogd 定期产生的时间戳
news	Usenet 新闻系统
syslog	syslog 本身产生的消息
user	用户进程（如果没有指定，这将是默认值）
uucp	为 uucp 保留，并未使用

rsyslog 的严重性级别见表 12-2。

表 12-2　日志严重性级别

debug	仅供调试
info	提供基本的消息
notice	需要注意的消息
warning（warn）	警告消息
error（err）	错误消息
crit	临界状态
alert	严重紧急状态
emerg（pnic）	恐慌崩溃状态

使用 * 表示对某个设备的所有消息进行处理，使用 none 表示忽略某个设备的消息。

产生消息的设备和消息的严重性级别之间用 "." 进行连接，表示该设备产生的消息达到给定的严重性级别才会被处理。Linux 支持 ". ="和 ".!"，分别表示只匹配定义级别、除定义级别之外的级别。

rsyslog 支持的对消息的处理动作见表 12-3。

表 12-3　消息的处理动作

filename	把消息记录到本机上的一个文件里
device	把消息输出到设备，如打印机
@ hostname	把消息发给远程主机，需要远程主机支持
@ ipaddress	把消息发给远程主机，需要远程设备支持
| fifoname	把消息通过管道发送
u3crnamc	把消息发送给在线用户
*	把消息发送给在线的所有用户

Linux 中许多服务和应用程序都使用 syslog，常见的有 cron、cups、ftpd、inetd、imapd、login、lpd、named、ntpd、passwd、sendmail、ssh、su、sudo、syslog、tcpd、vmlinuz、xinetd。

任务三　日志切割与轮替

由于日志消息总是不断地追加，日志文件变得越来越大，不仅占用了有效的磁盘空间，而且庞大的文本文件的写入也会极大地降低系统的性能。如果一次性将旧的日志删除，则会给系统管理员查看以往的日志造成极大的不便，所以需要一个规则，定期地将日志切割轮替，保留一段时间内的日志信息，并将更旧的日志删除。logratate 就负责这一工作。

logratate 工具配合计划任务进行周期性的日志切割。

示例：关于 logratate 的系统计划任务。

```
[root@ 365linux ~]# cat /etc/cron.daily/logrotate
#! /bin/sh

/usr/sbin/logrotate /etc/logrotate.conf >/dev/null 2>&1
EXITVALUE = $ ?
if [ $ EXITVALUE != 0 ];then
    /usr/bin/logger-t logrotate "ALERT exited abnormally with [ $ EXITVALUE]"
fi
exit 0
```

示例：手动触发日志轮替，并显示轮替的过程信息。

```
[root@ 365linux log]# logrotate-vf /etc/logrotate.conf
```

/etc/logratate. conf 配置文件定义了轮替的规则。

示例：查看 logratate. conf 配置文件信息。

```
[root@ 365linux ~]# grep-Ev'^#'/etc/logrotate.conf
```

主要参数详解：

weekly：默认每周对日志文件进行一次轮替。

rotate 4：保留 4 个日志文件。

create：创建新的日志文件。

include /etc/logrotate. d：包括该目录下的文件。

/var/log/wtmp ｛：对 wtmp 日志文件单独定义。

monthly：每一个月进行一次轮替。

minsize 1M：日志大小超过 1 MB 时进行轮替。

create 0664 root utmp：新建日志文件的权限和用户及所属组。

rotate 1：只保留一个日志文件。

示例：查看子配置文件目录下 syslog 单独定义的轮替规则。

```
[root@ 365linux logrotate.d]# cat /etc/logrotate.d/syslog
/var/log/messages /var/log/secure /var/log/maillog /var/log/spooler /var/log/boot.log /
var/log/cron {  #定义了多个日志文件的轮替。
    sharedscripts  #与 endscript 搭配,可以定义轮替前或轮替后执行的命令。
    postrotate  #以下是轮替后执行的命令。如要在轮替前执行,则使用 prerotate。
        /bin/kill-HUP' cat /var/run/syslogd.pid 2> /dev/null'2> /dev/null ||true
        /bin/kill-HUP' cat /var/run/rsyslogd.pid 2> /dev/null'2> /dev/null ||true
    endscript
}
```

一般来说，系统进程的运作、系统故障和安全攻击都会留下日志信息，管理员可以通过查看和分析日志来找出系统异常原因，防范恶意攻击。查看和分析日志时，可以通过时间戳截断需要的时间段的日志进行分析，或者采用关键字过滤来提高效率。当需要分析的日志量非常大且需要统计日志数据时，如对 Web 服务器的访问日志进行分析，则需要借助专门的日志分析工具，通过图表直观地展示。

对于管理较多的 Linux 服务器来说，可以单独提供一台中央日志记录主机，将其他服务器产生的较重要的消息通过远程日志功能统一集中到中央日志记录主机上管理。这样做一方面方便系统管理员操作；另一方面，可以在一定程度上防止服务器被恶意入侵后，侵入者删除本地日志痕迹。

项目十三
SSH 服务器

【任务描述】

在实际工作中，企业的服务器一般都托管在机房（可能是异地）中，所以，在大多数情况下，系统管理员对于服务器的管理和维护工作都要通过网络远程操作。

【学习目标】

1. 使用 SSH 服务通过命令行远程登录到 Linux 服务器。
2. 通过 VNC 服务器远程打开图形界面。

任务一　使用 SSH 服务通过命令行远程登录到 Linux 服务器

在远程连接的过程中，因为涉及输入服务器的 IP 地址、登录的账号、密码等安全信息，所以，在实施远程连接，进行远程登录操作时，要特别注意安全要素，如对服务器进行安全加固、对客户端进行安全审查等。

1. 通过 SSH 远程连接

SSH 是 Secure Shell 的缩写，由 IETF 的网络工作小组（Network Working Group）制定；是建立在应用层和传输层基础上的安全协议。SSH 是目前较可靠，专为远程登录会话和其他网络服务提供安全性的协议。利用 SSH 协议可以有效防止远程管理过程中的信息泄露。SSH 最初是 UNIX 系统上的一个程序，后来又迅速扩展到其他操作平台。正确使用 SSH 可弥补网络中的漏洞。SSH 客户端适用于多种平台，几乎所有 UNIX 平台，包括 HP–UX、Linux、AIX、Solaris、Digital UNIX、Irix 等，都可运行 SSH。SSH 在连接和传输数据的过程中，使用双向非对称加密。

查看 SSH 服务是否在运行：

```
[root@ guest01 ~]# systemctl-l  status  sshd
• sshd.service-OpenSSH server daemon
  Loaded:loaded(/usr/lib/systemd/system/sshd.service;enabled;vendor preset:enabled)
```

```
    Active:active(runningsince — 2016-11-21 09:36:32 CST;5h 27min ago
     Docs:man:sshd(8)
          man:sshd_config(5)
  Main PID:1314(sshd)
   CGroup:/system.slice/sshd.service
          └─1314 /usr/sbin/sshd-D


11 月 21 09:36:32 guest01 systemd[1]:Started OpenSSH server daemon.
11 月 21 09:36:32 guest01 systemd[1]:Starting OpenSSH server daemon...
11 月 21 09:36:33 guest01 sshd[1314]:Server listening on 0.0.0.0 port 22.
11 月 21 09:36:33 guest01 sshd[1314]:Server listening on ::port 22.
 11 月 21 09:48:39 guest01 sshd[2042]:Accepted password for root from 192.168.122.1 port
54642 ssh2
 11 月 21 14:12:01 guest01 sshd[10009]:Accepted password for root from 192.168.122.1 port
54644 ssh2
 11 月 21 14:13:39 guest01 sshd[10128]:Accepted password for root from 192.168.122.1 port
54646 ssh2


[root@ guest01 ~]# ss  -ntupl |grep  ssh
tcp  LISTEN 0    128    * :22        * :*          users:(("sshd",pid=1314,fd=3))
tcp  LISTEN 0    128    :::22        :::*          users:(("sshd",pid=1314,fd=4))
```

　　SSHD 默认开机启动。SSHD 作为一个提供网络连接的服务，它需要监听网络接口和服务端的端口。SSHD 默认监听本机上所有网络接口的 IPv4 和 IPv6 的所有地址，默认监听 22 号端口，采用的 TCP 协议（每个服务默认使用的端口可以通过/etc/services 文件查看）。

　　以下代码显示了 SSHD 服务当前正在连接的客户端，客户端的源 IP 地址是 192.168.122.1，源端口是 54 646，服务器端（目标 IP 地址）是 192.168.122.109，目标端口 22。

```
[root@ geust02 ~]# ss  -ntup    |grep sshd
tcp   ESTAB   0    0  192.168.122.109:22   192.168.122.1:54646   users:(("sshd",
pid=1444,fd=3))
```

2. 客户端连接

示例：Linux 客户端。

```
[root@ xueing ~]# ssh test001@ 192.168.1.101(或者主机名)
test001@ 192.168.1.101's password:
Last login:Sat Mar 16 10:57:26 2013
[test001@ test001 ~]$ exit

[root@ xueing ~]# ssh 192.168.1.101
root@ 192.168.1.101's password:
```

默认以客户端当前用户连接登录，即 root。

Windows 下的客户端推荐使用 PuTTY、XShell。

任务二　对 SSHD 服务进行配置

SSHD 的配置文件：

在 Linux 的服务配置文件中，大多数情况下，以#号开头的表示注释行，注释掉的选项不起作用（采用应用的默认值）。

SSHD 的配置文件为/etc/ssh/sshd_ config。

```
[root@ xueing ~]# vim /etc/ssh/sshd_config
```

常用的安全加固和功能性配置选项介绍：

Port 8778：因为默认的 22 号端口（小于 1 024 的被默认定义为服务端口）是最容易被攻击的对象，所以通常要改为一个大于 1 024 的随机端口。

AddressFamily inet：从实际应用考虑，为确保安全性，只监听 IPv4 地址。

ListenAddress 192. 168. 122. 200：明确只监听某个 IP 接口（比如只监听内网的接口）。

Protocol 2 LoginGraceTime 1m：减少最大的登录时长，但要合理，不能太小，如果太小，即使是正常请求，也有可能登录不上。

PermitRootLogin no：因为 root 用户名是固定的，因此容易被攻击，通常不允许 root 远程登录，而使用普通用户登录，普通用户名可以设置得较复杂（包括密码）。

MaxAuthTries 6：重试次数。

MaxSessions 10：最大会话数。

AllowUsers zhangsan：只允许普通用户 zhangsan 远程登录。

UseDNS no：不要使用 DNS 解析主机名。

其他配置选项参见 man 5 sshd_ config。

对于 SSHD 的安全加固，需要注意的事项如下：

①修改 SSH 的端口前，一定要确保防火墙放行了新的端口号，否则，应用生效后，会导致连接不上。

②禁止 root 登录前，一定要确保系统中有可登录的普通用户。

③SSH 的管理通常要配合安全脚本或防火墙，做到防暴力破解。

④经常检查系统安全日志，关注安全登录情况。

修改配置文件后，要重启服务，使配制生效：

```
[root@ guest01 ~]# systemctl  restart  sshd （或者 reload）
```

重启后检查端口的可用性：

```
[root@ guest01 ~]# ss  -ntupl |grep  ssh
tcp  LISTEN  0    128    * :2222      * :*          users:(("sshd",pid=12169,fd=3))
tcp  LISTEN  0    128    :::2222      :::*          users:(("sshd",pid=12169,fd=4))
```

任务三　SSH 密钥对登录

在客户端生成密钥对：

```
[root@ xueing ~]# ssh-keygen
Generating public/private rsa key pair.
Enter file in which to save the key(/root/.ssh/id_rsa):
Enter passphrase(empty for no passphrase):
Enter same passphrase again:
Your identification has been saved in /root/.ssh/id_rsa.
Your public key has been saved in /root/.ssh/id_rsa.pub.
The key fingerprint is:
b1:ac:8b:69:ac:f1:71:e1:c7:be:39:76:3b:b8:9a:c1 root@ xueing
The key's randomart image is:
+--[ RSA 2048]----+
|                 |
|                 |
|        .        |
|      .o         |
|      .S         |
|     o+          |
|   ...E o.       |
|  oo= * +.o      |
|  .o++o==.o      |
+-----------------+
```

查看生成的密钥对：

```
[root@ xueing ~]# ls.ssh/
id_rsa   id_rsa.pub   known_hosts
```

将密钥对中的公钥 id_rsa.pub 上传到指定的服务器上。上传后，会自动更名为 authorized_keys。

```
[root@ xueing ~]# ssh-copy-id root@ 192.168.1.101
root@ 192.168.1.101's password:
Now try logging into the machine,with"ssh'root@ 192.168.1.101'",and check in:

  .ssh/authorized_keys

to make sure we haven't added extra keys that you weren't expecting.
```

NOTE

> 　　ssh-copy-id 不支持非 22 号端口，如果已改变 SSH 端口，可临时改回默认值，等
> 上传完公钥后再改成特殊端口，不会产生影响。或者使用 SCP 或 RSYNC 的文件上传
> 功能替换 ssh-copy-id。如下：
>
> ```
> [hdaojin@ huangdaojin ~] $ scp - P 8778.ssh/id_rsa.pub root@ 192.168.122.200:/
> root/.ssh/authorized_keys
> ```
>
> 　　上传成功后，再次登录该服务则不需要使用密码。
>
> ```
> [root@ xueing ~]# ssh root@ 192.168.1.101
> Last login:Tue Mar 19 19:15:36 2013 from 192.168.1.14
>
> [root@ test001 ~]# ls.ssh/
> authorized_keys
> ```

任务四　SSH 远程复制文件

　　在图形界面可以使用"连接到服务器"的功能，然后使用 SFTP 协议登录，进行上传、下载的操作。

　　在命令行中，可使用 scp 或 rsync 命令。

（1）上传文件到远程服务器

```
[chuyue@ xueing 桌面] $ scp ssh.txt test001@ 192.168.1.101:/home/test001/Desktop
The authenticity of host'192.168.1.101(192.168.1.101)'can't be established.
RSA key fingerprint is 12:4c:00:43:ec:28:71:2d:0b:c6:1b:18:0c:cf:8c:ee.
Are you sure you want to continue connecting(yes/no)? yes
Warning:Permanently added'192.168.1.101' (RSAto the list of known hosts.
test001@ 192.168.1.101's password:
ssh.txt                        100%  250    0.2KB/s  00:00
```

（2）从远程服务器上下载指定的文件

```
[chuyue@ xueing 桌面] $ scp test001@ 192.168.1.101:/home/test001/test.txt /home/chuyue/
```

　　scp 命令中，可以使用 -r 参数上传和下载目录。

　　rsync 命令中，同样可以实现类似于 scp 命令的功能，不过 RSYNC 服务器的远程同步功能更强大，支持压缩传输、断点续传、差量复制、守护进程等功能。RSYNC 服务器要另外安装。

```
[chuyue@ xueing 桌面] $ rsync-avP /boot/initramfs-2.6.32-358.el6.x86_64.img test001@
192.168.1.101:/home/test001/
    test001@ 192.168.1.101's password:
    sending incremental file list
    initramfs-2.6.32-358.el6.x86_64.img
       16541420 100%   12.69MB/s     0:00:01(xfer#1,to-check=0/1)


    sent 16543540 bytes   received 31 bytes   2545164.77 bytes/sec
    total size is 16541420   speedup is 1.00
```

项目十四
RSYNC 服务器

【任务描述】

RSYNC 是 UNIX 下的一款应用软件，它能同步更新两处计算机的文件与目录，并适当利用差分编码，以减少数据传输量。RSYNC 拥有一个同类软件不常见的重要特性，即每个目标的镜像只需发送一次。RSYNC 可以复制/显示目录内容，以及复制文件，并可选压缩及递归复制。

在常驻模式（daemon mode）下，RSYNC 默认监听 TCP 端口 873，以原生 RSYNC 传输协议或者通过远程 shell 如 RSH 或者 SSH 提供文件。SSH 模式下，RSYNC 客户端运行程序必须同时在本地和远程机器上安装。

RSYNC 是以 GNU 通用公共许可证发行的自由软件。

【学习目标】

1. 掌握 RSYNC 同步命令的使用方法。
2. 掌握 RSYNC 同步服务的配置方法。

任务一　了解 RSYNC 的语法

RSYNC 命令是一个远程数据同步工具，可通过 LAN/WAN 快速同步多台主机间的文件。RSYNC 使用 RSYNC 算法来使本地和远程两个主机之间的文件达到同步，这个算法只传送两个文件的不同部分，而不是每次都整份传送，因此速度相当快。RSYNC 是一个功能非常强大的工具，其命令也有很多功能特色选项。

语法：

```
Usage:rsync [OPTION]...SRC [SRC]...DEST
  or   rsync [OPTION]...SRC [SRC]...[USER@ ]HOST:DEST
  or   rsync [OPTION]...SRC [SRC]...[USER@ ]HOST::DEST
  or   rsync [OPTION]...SRC [SRC]...rsync://[USER@ ]HOST[:PORT]/DEST
```

```
or  rsync [OPTION]...[USER@ ]HOST:SRC [DEST]
or  rsync [OPTION]...[USER@ ]HOST::SRC [DEST]
or  rsync [OPTION]...rsync://[USER@ ]HOST[:PORT]/SRC [DEST]
```

对应于以上7种命令格式，RSYNC有7种不同的工作模式：

①复制本地文件。当SRC和DES路径信息都不含有单个冒号"："分隔符时，就启动这种工作模式。如 rsync -a /data /backup。

②使用一个远程shell程序（如RSH、SSH）来实现将本地机器的内容复制到远程机器。当DST路径地址包含单个冒号"："分隔符时，启动该模式。如 rsync -avz *. c foo：dst。

③使用一个远程shell程序（如RSH、SSH）来实现将远程机器的内容复制到本地机器。当SRC地址路径包含单个冒号"："分隔符时，启动该模式。如 rsync -avz foo：src/bar /data。

④从远程RSYNC服务器中复制文件到本地机器。当SRC路径信息包含"::"分隔符时，启动该模式。如 rsync -av root@ 192. 168. 78. 192:: www/databack。

⑤从本地机器复制文件到远程RSYNC服务器中。当DST路径信息包含"::"分隔符时，启动该模式。如 rsync -av /databack root@ 192. 168. 78. 192:: www。

⑥列出远程机器的文件列表。这类似于RSYNC传输，不过只要在命令中省略掉本地机信息即可。如 rsync -v rsync://192. 168. 78. 192/www。

⑦使用 rsync://协议从本地机器复制文件到远程RSYNC服务器中。如 rsync -v src rsync：//192. 168. 78. 192/www。

RSYNC命令的选项如下：

-v，--verbose：详细输出模式。

-q，--quiet：精简输出模式。

-c，--checksum：打开校验开关，强制对文件传输进行校验。

-a，--archive：归档模式，表示以递归方式传输文件，并保持所有文件属性，等于-rlptgoD。

-r，--recursive：对子目录以递归模式处理。

-R，--relative：使用相对路径信息。

-b，--backup：创建备份，当备份的目标目录已存在相同的文件时，将旧的文件重新命名为~filename。可以使用--suffix选项来指定不同的备份文件前缀。

--backup-dir：将备份文件（如~filename）放在该选项指定的目录下。

-suffix=SUFFIX：定义备份文件前缀。

-u，--update：仅进行更新，也就是跳过所有已经存在于DST，并且文件创建时间晚于要备份的文件，不覆盖更新的文件。

-l，--links：保留软链接。

-L，--copy-links：像对待常规文件一样处理软链接。

--copy-unsafe-links：仅复制指向SRC路径目录树以外的链接。

--safe-links：忽略指向 SRC 路径目录树以外的链接。

-H，--hard-links：保留硬链接。

-p，--perms：保持文件权限。

-o，--owner：保持文件属主信息。

-g，--group：保持文件属组信息。

-D，--devices：保持设备文件信息。

-t，--times：保持文件时间信息。

-S，--sparse：对稀疏文件进行特殊处理，以节省 DST 的空间。

-n，--dry-run：显示哪些文件将被传输。

-w，--whole-file：复制文件，不进行增量检测。

-x，--one-file-system：不要跨越文件系统边界。

-B，--block-size=SIZE：检验算法使用的块尺寸，默认是 700 字节。

-e，--rsh=command：指定使用 RSH、SSH 方式进行数据同步。

--rsync-path=PATH：指定远程服务器上的 rsync 命令所在路径信息。

-C，--cvs-exclude：使用和 CVS 一样的方法自动忽略文件，用来排除那些不希望传输的文件。

--existing：仅更新已经存在于 DST 的文件，而不备份新创建的文件。

--delete：删除 DST 中 SRC 没有的文件。

--delete-excluded：同样删除接收端那些被该选项指定排除的文件。

--delete-after：传输结束后再删除。

--ignore-errors：即使出现 I/O 错误，也要进行删除。

--max-delete=NUM：最多删除 NUM 个文件。

--partial：保留因故没有完全传输的文件，以加快随后的再次传输。

--force：强制删除目录，即使不为空。

--numeric-ids：不将用户的 UID 和组的 GID 与用户名和组名匹配。

--timeout=time IP：超时时间，单位为秒。

-I，--ignore-times：不跳过有同样时间和长度的文件。

--size-only：当决定是否要备份文件时，仅查看文件大小而不考虑文件时间。

--modify-window=NUM：决定文件是否时间相同时使用的时间戳窗口，默认为 0。

-T--temp-dir=DIR：在 DIR 中创建临时文件。

--compare-dest=DIR：通过比较 DIR 中的文件来决定是否需要备份。

-P：等同于--partial--progress。

--progress：显示备份过程。

-z，--compress：对备份的文件在传输时进行压缩处理。

--exclude=PATTERN：指定排除不需要传输的文件模式。

--include=PATTERN：指定不排除不需要传输的文件模式。

--exclude-from=FILE：排除 FILE 中指定模式的文件。

--include-from=FILE：不排除 FILE 中指定模式的文件。

--version：打印版本信息。

--address：绑定到特定的地址。

--config=FILE：指定其他的配置文件，不使用默认的 rsyncd.conf 文件。

--port=PORT：指定其他的 RSYNC 服务端口。

--blocking-io：对远程 shell 使用阻塞 I/O。

-stats：给出某些文件的传输状态。

--progress：在传输时实现传输过程。

--log-format=formAT：指定日志文件格式。

--password-file=FILE：从 FILE 中得到密码。

-h，--help：显示帮助信息。

任务二　RSYNC SSH 模式

用法

```
rsync -avzhP--delete -e 'ssh-p 5000' test@ linux.com:/home/hdaojin/ ./
```

选项：

-a，--archive：归档模式，表示以递归方式传输文件，并保持所有文件属性，等价于 -rlptgoD（注意，不包括-H、-A、-X）。

-v，--verbose：详细输出模式。

-z，--compress：在传输文件时进行压缩处理。

-h，--human-readable：输出文件大小使用易读的单位（如 K、M 等）。

-P：等价于--partial--progress。

--partial：保留那些因故没有完全传输的文件，以加快随后的再次传输。

--progress：在传输时显示传输过程。

-e，--rsh=COMMAND：指定替代 RSH 的 shell 程序。

在备份脚本中使用时，只需要采用-q，即安静模式即可。

任务三　RSYNCD 模式

1. RSYNCD 独立服务模式

配置如下：

```
# vim /etc/rsyncd.conf
[test]
```

```
        comment = Just test
        path = /test
        use chroot = yes
        read only = yes
        list = yes
        uid = nobody
        gid = nobody
        max connections = 30
        hosts allow = 192.168.122.0/24
        strict modes = yes
        ignore errors = no
        ignore nonreadable = yes
        transfer logging = no
        timeout = 600
        refuse options = checksum dry-run remove-source-files
        dont compress = * .gz * .tgz * .zip * .z * .rpm * .deb * .iso * .bz2 * .tbz * .rar * .img
```

服务模式下，客户端访问命令如下：

```
# rsync-aqzH--delete 192.168.122.201::test ~/notes
```

2. XINEDT 托管模式

配置如下：

```
# vim /etc/xinetd.d/rsync
service rsync
{
        disable = no
flags           = ipv4
        socket_type   = stream
        wait          = no
        user          = root
        server        = /usr/bin/rsync
        server_args   =--daemon
        log_on_failure  += USERID
}
```

项目十五
NTP 服务器

【任务描述】

网络时间协议（Network Time Protocol，NTP）是在数据网络潜伏时间可变的计算机系统之间通过分组交换进行时钟同步的一个网络协议，位于 OSI 模型的应用层。自1985 年以来，NTP 是目前仍在使用的最古老的互联网协议之一。NTP 由特拉华大学的 David L. Mills 设计。

NTP 力图将所有参与计算机的协调世界时（UTC）时间同步到几毫秒的误差内。它使用 Marzullo 算法的修改版来选择准确的时间服务器，其设计旨在减小可变网络延迟造成的影响。NTP 通常可以在公共互联网保持几十毫秒的误差，并且在理想的局域网环境中可以实现超过 1 ms 的精度。不对称路由和拥塞控制可能导致100 ms（或更高）的错误。

【学习目标】

1. 了解 NTP 协议的基本概念。
2. 创建内部网络的 NTP 时间服务器。
3. 使用 NTP 客户端同步服务器时间。

NTP 是用来同步网络中各个计算机的时间的协议。该协议通常描述为一种主从式架构，但它也可以用在点对点网络中，对等体双方可将另一端认定为潜在的时间源。发送和接收时间戳采用用户数据报协议（UDP）的端口 123 实现。这也可以使用广播或多播，其中的客户端在最初的往返校准交换后被动地监听时间更新。

任务一　使用 ntpdate 命令同步时间

精确的计时已成为现代软件部署的关键组成部分。无论是确保以正确的顺序记录日志还是正确应用数据库更新，不同步的时间都可能导致错误、数据损坏和其他难以调试的问题。

```
root@ debian:~# apt  install ntpdate
root@ debian:~# date
2019 年 04 月 10 日　星期三 10:40:03 CST


root@ debian:~# ntpdate  182.92.12.11
10 Apr 10:14:56 ntpdate[2126]:step time server 182.92.12.11 offset-1536.577345 sec
root@ debian:~# date
2019 年 04 月 10 日　星期三 10:15:25 CST
```

任务二　搭建 NTP 服务器

在单个系统或主机较少的小型局域网，使用公共网络的 NTP 服务器同步时间即可。但是，对于较大型网络，建议在内部设置专用 NTP 服务器，用于 LAN 客户端。

```
root@ 102:~# apt  install  ntp
root@ 102:~# vim  /etc/ntp.conf
root@ 102:~# systemctl   status  ntp
root@ debian:~# date  -s  "10:40"
2019 年 04 月 10 日　星期三 10:40:00 CST
root@ debian:~# ntpdate   192.168.38.102
10 Apr 10:23:02 ntpdate[2137]:step time server 192.168.38.102 offset-1040.282222 sec
root@ debian:~# date
2019 年 04 月 10 日　星期三 10:23:06 CST
```

任务三　无外网连接的情况下使用 NTP 服务器

在某些特定的情况下，NTP 服务器端和客户端均无法与外网通信，则需要进行如下配置，以实现内部服务器之间的时间统一。

```
root@ 102:~# ping   8.8.8.8
connect;Network is unreachable


root@ 102:~# vim  /etc/ntp.conf
# pool 0.debian.pool.ntp.org iburst
# pool 1.debian.pool.ntp.org iburst
# pool 2.debian.pool.ntp.org iburst
# pool 3.debian.pool.ntp.org iburst
```

```
server  127.127.1.0
fudge 127.127.1.0 stratum 10


root@ 102:~# systemctl   restart ntp
```

项目十六
DHCP 服务器

【任务描述】

DHCP（Dynamic Host Configuration Protocol，动态主机配置协议）是用来给客户机器分配 TCP/IP 信息的网络协议。每个 DHCP 客户端向 DHCP 服务器发起请求，该服务器会返回包括 IP 地址、子网掩码、网关和 DNS 服务器信息的客户网络配置。

DHCP 在快速发送客户网络配置方面很有优势。当配置客户系统时，管理员可以选择 DHCP，并且不必输入 IP 地址、子网掩码、网关或 DNS 服务器地址。客户从 DHCP 服务器检索这些信息。当管理员想改变大量系统的 IP 地址时，DHCP 也大有用途。不用重新配置所有系统，管理员只要编辑服务器上的一个 DHCP 配置文件即可获得新的 IP 地址集合。

【学习目标】

1. DHCP 的工作流程。

2. DHCP 服务器的架设。

3. Linux 下 DHCP 客户端的使用。

任务一　了解 DHCP 分配 IP 地址的过程

1. 客户机寻找 DHCPServer

当客户机开机或重新启动网络时，会广播一个 DHCPDISCOVER 请求。该封包的来源地址是 0.0.0.0，目标地址为 255.255.255.255。

2. DHCPServer 回应

主机接收到这个数据包后，一般会直接将其丢弃。DHCP 主机在接收到客户机的请求后，会回应一个 DHCPOFFER 封包。针对这个客户端的 MAC 与本身的设置，它会首先到服务器的日志文件中寻找该用户之前是否曾经租用过某个 IP，若有且该 IP 目前无人使用，则提供此 IP 给客户端。若配置文件针对该 MAC 提供额外的固定 IP，则给予该 IP 设置。

若不符合上述两个条件，则随机分配一个目前没有被使用的 IP 地址给用户，并记录下来。

此外，DHCP 服务器还会提供给客户机一个租约时间，并等待客户端回应。

3. 客户机接收 DHCP 服务器提供的 IP 信息

如果客户端收到网络上多个 DHCP 服务器的回应，它只会挑选一个 DHCPOFFER（通常是最先到达的那个），并且向网段广播一个 DHCPREQUEST，告诉所有 DHCP 服务器它将接收哪一台 DHCPServer 提供的 IP 地址信息。同时，客户机还会向网络发送一个 ARP 封包，查询网络上面有没有其他机器使用该 IP 地址。如果发现该 IP 已经被占用，客户端则会送出一个 DHCPDECLINE 封包给 DHCPServer，拒绝接受其 DHCPOFFER，并重新发送 DHCPDIS-COVER 信息。

4. 租约确认

当 DHCP 服务器接收到客户机的 DHCPREQUEST 之后，会向客户机发出一个 DHCPPACK 回应，以确认 IP 租约正式生效，也就结束了一个完整的 DHCP 工作过程。

5. 租约到期

DHCPServer 对客户端分配的 IP 地址是有使用期限的，客户端使用此 IP 到期后，若要继续使用，需要向 DHCPServer 重新申请。若客户端没有提出重新申请，DHCPServer 就将该 IP 收回，放到备用区。

任务二 配置 DHCP 服务器

1. 为 DHCP 服务器配置固定 IP 地址

```
[root@ 365linux ~]# vim /etc/network/interfaces
address 192.168.122.1/24
gateway 192.168.122.254
```

查看服务器是否已安装 DHCP 服务器，若没有安装，则使用以下命令安装：

```
[root@ 365linux ~]# apt install-y isc-dhcp-server
```

2. 配置 DHCP 服务器

```
[root@ 365linux ~]# vim /etc/dhcp/dhcpd.conf
option domain-name "uplooking.com";
option domain-name-servers 233.5.5.5,8.8.8.8;
ddns-update-style none;
default-lease-time 600;
max-lease-time 7200;
log-facility local7;
subnet 192.168.122.0 netmask 255.255.255.0 {
        range 192.168.122.100 192.168.122.200;
        option routers 192.168.122.254;
}
```

3. 启动 DHCP 服务器

```
[root@ 365linux ~]# service dhcpd restart
Shutting down dhcpd:                    [   OK   ]
Starting dhcpd:                         [   OK   ]
```

4. 配置防火墙规则

```
[root@ 365linux ~]# iptables-I INPUT 5-p udp--dport 67-m state--state NEW-j ACCEPT
```

5. 客户端获取 IP 测试

```
[root@ 365linux ~]# dhclient-v eth0
Internet Systems Consortium DHCP Client 4.1.1-P1
Copyright 2004-2010 Internet Systems Consortium.
All rights reserved.
For info,please visit https://www.isc.org/software/dhcp/

Listening on LPF/eth0/00:0c:29:af:a9:19
Sending on  LPF/eth0/00:0c:29:af:a9:19
Sending on  Socket/fallback
DHCPDISCOVER on eth0 to 255.255.255.255 port 67 interval 7(xid=0x22cfce37)
DHCPOFFER from 192.168.122.100
DHCPREQUEST on eth0 to 255.255.255.255 port 67(xid=0x22cfce37)
DHCPNAK from 192.168.88.254(xid=0x22cfce37)
DHCPACK from 192.168.122.100(xid=0x22cfce37)
bound to 192.168.122.100--renewal in 266 seconds.
```

通过 DHCP 统一对 IP 进行管理，可以有效避免网络内 IP 地址冲突，并减少客户端的配置工作。一般情况下，硬件路由器即可提供 DHCP 的服务，不需要单独架设主机。

项目十七
DNS 服务器

【任务描述】

DNS 是域名系统 Domain Name System 的缩写，是因特网的一项核心服务，它作为可以将域名和 IP 地址相互映射的一个分布式数据库，能够使人更方便地访问互联网，而不用去记住能够被机器直接读取的 IP 数字串。

【学习目标】

1. 充分理解 DNS 服务分层设计的体系结构和工作原理。
2. 能够使用 BIND 软件搭建本地 DNS 服务器。
3. 实现正向解析和反向解析。
4. 理解 DNS 轮循、别名、邮件标记、泛解析、连续解析。
5. 使用 DNS 服务器端管理工具检验和管理 DNS 服务器。
6. 使用 DNS 客户端测试工具测试 DNS 服务器的工作状态。

任务一　配置 DNS 域名解析服务器

域名到 IP 的解析过程：首先由客户端查询本地缓存，包括浏览器缓存、系统缓存；然后检查本地系统的 host 文件；如果在本地没有得到结果，则向路由器询问，路由器提供缓存数据或转发请求；请求本地 DNS 服务器；由 ISP（互联网服务提供商）提供本地权威解析或非权威缓存数据；请求转发的 DNS 服务器；向根域名服务器请求；向顶级域名服务器请求；向主域名服务器请求，最终得到结果并保存至缓存，返回结果给客户机。在整个流程中，任何一级得到结果，都会立即返回给客户机，并终止请求。

域名解析的意义是，对于用户，只需要记住要访问的服务器的名称，而不用记住一串 IP 数字；对于管理员，改变服务器的 IP 不会影响基于名称的访问，以及可以明确哪些 IP 处理这些请求。

BIND 是一款开放源码的 DNS 服务器软件，由美国加州大学 Berkeley 分校开发和维护的，全名为 Berkeley Internet Name Domain，它是目前世界上使用最为广泛的 DNS 服务器软件，支持各种 UNIX 平台和 Windows 平台。

1. 安装 BIND9 软件

```
root@ dns:~# apt  search  bind
root@ dns:~# apt  install  bind9  bind9-doc  bind9utils
```

2. 配置正向解析

配置 BIND9 的主配置文件：

```
root@ dns:/etc/bind# vim  named.conf.local
zone "app4you.com" IN {
type  master;
file  "/etc/bind/db.app4you.com";
};
```

创建本地解析数据库：

```
root@ dns:/etc/bind# cp  -a  db.local  db.app4you.com
```

添加解析数据库条目：

```
root@ dns:/etc/bind# vim db.app4you.com

$ TTL    604800
@   IN  SOA localhost.root.localhost.(
               2   ;Serial
           604800    ;Refresh
            86400    ;Retry
          2419200    ;Expire
604800)  ;Negative Cache TTL
;
@   IN  NS  localhost.
@   IN  A  127.0.0.1
www  A  192.168.88.130
```

3. 配置完成后，重新启动 BIND 服务

```
root@ dns:/etc/bind# systemctl  restart  bind9
```

重启完成后，查看 BIND 服务状态：

```
root@ dns:/etc/bind# systemctl  status  bind9
```

检查 BIND 服务的监听端口：

```
root@ dns:/etc/bind# ss  -ntupl  |grep named |xargs-n 7
udp UNCONN 0 0 192.168.88.129:53 * :* users:((named,pid=1652,fd=517),(named,pid=1652,fd=
516))
```

4. 客户端测试

修改客户端本地 DNS 服务器地址：

```
root@ client1:~# vim  /etc/resolv.conf
nameserver 192.168.88.129
```

使用 nslookup 工具查询域名解析：

```
root@ client1:~# nslookup    www.app4you.com
Server:192.168.88.129
Address:192.168.88.129#53


Name:www.app4you.com
Address:192.168.88.130
```

任务二　使用 BIND 实现内外网智能解析

1. 编辑主配置文件

针对外网客户端和内网客户端，添加 view 的规则：内网匹配 192.168.88.0/24 网段，外网则匹配除此之外的其他任何地址，用 any 表示。

```
root@ dns:/etc/bind# vim  named.conf

include "/etc/bind/named.conf.options";
// include "/etc/bind/named.conf.local";
// include "/etc/bind/named.conf.default-zones";

view  "internal"  {
    match-clients  { 192.168.88.0/24;};
    recursion  yes;
    zone "app4you.com"IN {
        type  master;
        file  "/etc/bind/db.app4you.com";
    };
    include "/etc/bind/named.conf.default-zones";
};
view  "external"{
```

```
    match-clients {  any;};
    recursion  no;
zone  "app4you.com"  IN {
type  master;
file  "/etc/bind/db.app4you.com.ex";
      };
};
```

2. 修改本地解析数据库

针对内网客户端建立解析数据库：

```
root@ dns:/etc/bind# vim db.app4you.com

$ TTL    604800
@   IN  SOA localhost.root.localhost.(
                2    ;Serial
          604800   ;Refresh
            86400   ;Retry
           2419200    ;Expire
604800) ;Negative Cache TTL
;
@   IN  NS  localhost.
@   IN  A  127.0.0.1
www  A  192.168.88.130
```

针对外网客户端建立解析数据库：

```
root@ dns:/etc/bind# vim db.app4you.com.ex
$ TTL    604800
@   IN  SOA localhost.root.localhost.(
                2    ;Serial
          604800   ;Refresh
            86400   .;Retry
           2419200   ;Expire
604800)  ;Negative Cache TTL
;
@   IN  NS  localhost.
@   IN  A  127.0.0.1
www  A     114.5.6.7
```

3. 配置完成后，重启服务，使配置生效

```
root@ dns:/etc/bind# systemctl  restart  bind9
root@ dns:/etc/bind# systemctl  status  bind9
```

配置完成后可以使用 named-checkconf 检查配置文件的正确性；使用 named-checkzone

命令检查 zone 文件的正确性；使用 rndc 命令行工具从本地或远程管理 BIND 服务器。

相关文件描述：

/etc/named.conf：可以在 named.conf 中使用 controls 语句进行安全设定。

/etc/rndc.conf：RNDC 工具的默认配置文件。

/etc/rndc.key：RNDC 工具默认的 key 文件。

rndc 命令示例：

```
# rndc status              检查服务器的状态
# rndc reload              重新载入配置和 zone
# rndc reload localhost    重新载入某个 zone
# rndc reconfig            仅重新载入配置
# rndc querylog            开启(或关闭)查询日志
```

那么在企业生产环境中，什么时候需要建立域名解析服务器（NameServer)？

在购买域名时，域名注册商通常已经提供域名到 IP 的解析功能，一般用户只需要在基于 Web 页面的域名管理后台添加资源记录即可。或者不使用域名注册商提供的 DNS 解析服务，而使用第三方功能和能力更强大的 DNS 服务（如 DNSPod，通常需要购买相应的服务)。所以域名注册商或专业的 DNS 服务商需要建立 NameServer，而一般的个人域名用户或规模较小的公司直接使用 DNS 服务商提供的即可。

在互联网上也有较多由 ISP 或企业提供的公共域名缓存服务器，如 223.5.5.5、8.8.8.8 等。

对 DNS 域名解析性能和安全性要求较高的企业，通常会利用较好的服务器和带宽自己建立 NameServer。

对于组织架构较复杂的公司，通常需要自建 NameServer 进行内部服务器名称解析。

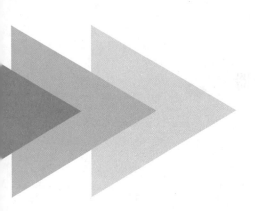

项目十八
Apache 服务器

【任务描述】

公司要搭建一个门户网站，该网站要求使用加密访问，支持虚拟主机等功能。使用 Apache 服务器可以满足上述要求。

【学习目标】

1. 学会创建 Web 虚拟主机。

2. 实现 Web 服务器目录索引的功能。

3. 支持 SSL 加密 HTTPS。

任务一　了解 Web 服务器的基本概念

万维网（World Wide Web，WWW，也称作 W3、Web），是一个由许多互相链接的超文本组成的系统，通过互联网访问。在这个系统中，每个有用的事物称为一个"资源"，并且由一个全域"统一资源标识符"（URI）标识。这些资源通过超文本传输协议（Hypertext Transfer Protocol，HTTP）传送给用户，而后者通过点击链接来获得资源。

HTTP 是互联网上应用最为广泛的一种网络协议。设计 HTTP 最初的目的是提供一种发布和接收 HTML 页面的方法。通过 HTTP 或者 HTTPS 协议请求的资源由统一资源标识符（Uniform Resource Identifiers，URI）来标识。

Apache HTTP Server（简称 Apache）是 Apache 软件基金会的一个开放源码的网页服务器，可以在大多数计算机操作系统中运行，由于其具有多平台和安全性特性，从而被广泛使用，是最流行的 Web 服务器端软件之一。实现该服务器端的软件有 Nginx、IIS（Windows 平台）、Lighttpd 等。

任务二　使用 Apache 软件实现 Web 服务器

1. 安装 Apache 服务器软件

查询 Apache 软件：

```
root@ web:~# aptitude  search  apache
```

安装 Apache 软件：

```
root@ web:~# aptitude  install  apache2
```

重启 Apache2 服务器：

```
root@ web:/etc/apache2# service  apache2  restart
```

检查 Apache 监听的端口：

```
root@ web:/etc/apache2# ss  -ntupl  |grep  apache2
tcp   LISTEN   0      128                  :::80                :::*        users:(("
apache2",pid=3770,fd=4),("apache2",pid=3769,fd=4),("apache2",pid=3727,fd=4))
```

对 Apache 进行适当的安全加固，修改 Apache 运行用户：

```
root@ web:/etc/apache2# useradd  www
root@ web:/etc/apache2# vim  envvars
export Apache_RUN_USER=www
export Apache_RUN_GROUP=www
```

配置 Apache，使网页中的错误页面不展示系统及软件的信息：

```
ServerTokens Prod
ServerSignature Off
```

2. 创建新的虚拟主机

　　虚拟主机（virtual hosting）或称共享主机（shared web hosting），又称虚拟服务器，是一种在单一主机或主机群上实现多网域服务的方法，可以运行多个网站或服务。虚拟主机之间完全独立，并可由用户自行管理。虚拟并非指不存在，而是指空间是由实体的服务器延伸而来的，其硬件系统可以基于服务器群，也可以基于单个服务器。

　　虚拟主机技术是互联网服务器采用的节省服务器硬件成本的技术，主要应用于 HTTP、FTP、E-mail 等多项服务，将一台服务器的某项或者全部服务内容逻辑划分为多个服务单位，对外表现为多个服务器，从而充分利用服务器硬件资源。如果划分是系统级别的，则称为虚拟服务器。

　　虚拟主机的实现方式主要有三种：网址名称对应（Name-based）、IP 地址对应（IPbased）及 Port 端口号对应（Port-based）。

（1）网址名称对应

网址名称对应是借由识别客户端提供的网址，决定其所对应的服务。这个方法有效地减少了 IP 地址的占用，但缺点是必须依赖 DNS 名称对应服务的支持，若名称对应服务中断，对应此名称的服务也无法取用。

（2）IP 地址对应

IP 地址对应是指在同一个服务器上，借由同一份配置设置、不同的 IP 地址来管理多个服务。

（3）Port 端口号对应

近似于 IP 地址对应，不过是在同一个 IP 之下，利用不同的 Port 端口号来区别不同的服务，借以快速创建多个虚拟主机。例如：192.168.0.1:80、192.168.0.1:8080、192.168.0.1:8888。

不过这类应用大多用于私人或实验性质的服务中，原因是用户无法利用默认的端口号（例如 Web 服务的默认端口号 80）取用提供的服务，除非用户知道提供服务的端口号。

在实际应用中，最常见的是网址名称对应的虚拟主机。配置过程如下：

①新建虚拟主机的配置文件。

```
root@ web:/etc/apache2/sites-available# cp-a  000-default.conf  001-www.apps4you.com.
conf
```

②编辑虚拟主机的配置文件，定义域名、文档目录等参数。

```
<VirtualHost * :80>
ServerName  www.apps4you.com
   DocumentRoot /htdocs/www
 ErrorLog ${Apache_LOG_DIR}/www.apps4you.com.error.log
   CustomLog ${Apache_LOG_DIR}/www.apps4you.com.access.log combined
</VirtualHost>
```

③创建配置文件中定义的资源。

```
# mkdir-p  /htdocs/www
# echo  "the  frist web page."  >>  /htdocs/www/index.html
```

④激活新建虚拟主机的配置文件。

```
# a2ensite  001-www.apps4you.com.conf

root@ web:/etc/apache2# ll  sites-enabled/
total 8.0K
drwxr-xr-x 2 root root 4.0K Dec 23 21:36.
drwxr-xr-x 8 root root 4.0K Dec 23 21:26..
lrwxrwxrwx 1 root root   35 Dec 23 20:45 000-default.conf->../sites-available/000-
default.conf
lrwxrwxrwx 1 root root   44 Dec 23 21:36 001-www.apps4you.com.conf->../sites-available/001
-www.apps4you.com.conf
```

⑤重新启动或重新载入 Apache 服务，使用新的配置生效。

```
root@ web:/etc/apache2# service  apache2  reload
```

任务三　使用 Apache 软件实现常见 Web 服务功能

1. Web 服务目录索引

编辑主配置文件或虚拟主机配置文件，对虚拟目录索引的目录添加如下参数：

```
<Directory /htdocs/www/>
    Options Indexes
</Directory>
```

删除首页文件，添加需要索引的文件内容：

```
root@ web:/htdocs/www# rm  -rf  index.html
root@ web:/htdocs/www# touch  a.mp3  b.mp4  c.txt  d.db
```

2. Web 服务支持 HTTPS 协议

（1）服务器端的配置

在服务器端启用 SSL 模块：

```
root@ web:/etc/apache2# a2enmod   ssl
```

创建支持 HTTPS 的虚拟主机的配置文件：

```
root@ web:/etc/apache2/sites-available# sed  -e '/#.* $/d'-e '/^ $/d'  default-ssl.conf  > 001-www.apps4you.com.ssl.conf
```

修改 HTTPS 虚拟主机配置文件内容：

```
<IfModule mod_ssl.c>
<VirtualHost * :443>
        ServerAdmin webmaster@ localhost
        DocumentRoot /htdocs/www
        ServerName  www.apps4you.com
        ErrorLog $ {Apache_LOG_DIR}/www.apps4you.com.error.log
        CustomLog $ {Apache_LOG_DIR}/www.apps4you.com.access.log combined
        SSLEngine on
SSLCertificateFile  /etc/ssl/certs/ssl-cert-snakeoil.pem
        SSLCertificateKeyFile /etc/ssl/private/ssl-cert-snakeoil.key
<FilesMatch "\.(cgi |shtml |phtml |php) $ ">
```

```
                SSLOptions+StdEnvVars
</FilesMatch>
<Directory /usr/lib/cgi-bin>
                SSLOptions+StdEnvVars
</Directory>
        BrowserMatch "MSIE [2-6]" \
                nokeepalive ssl-unclean-shutdown \
                downgrade-1.0 force-response-1.0
        BrowserMatch "MSIE [17-9]"ssl-unclean-shutdown
</VirtualHost>
</IfModule>
```

激活新的虚拟主机的配置文件：

```
root@ web:/etc/apache2/sites-available# a2ensite  001-www.apps4you.com.ssl.conf
```

重启服务器，使新的配置生效：

```
root@ web:/etc/apache2/sites-available# systemctl   restart  apache2
```

（2）创建 SSL 证书

在实验环境中，创建和使用自签名证书：

```
root@ web:/etc/apache2/ssl# openssl req  -new  -x509  -nodes  -out  web.crt  -keyout
web.key
```

（3）HTTP 永久跳转到 HTTPS

当客户端使用非加密的 80 端口访问 Web 服务器时，服务器应支持将 80 端口的请求自动跳转到加密的 HTTPS（即 443）端口，配置如下：

```
root@ web:/etc/apache2/sites-enabled# vim  002-intranet.apps4you.com.conf
<VirtualHost * :80>
ServerName  intranet.apps4you.com
Redirect  301  /  https://intranet.apps4you.com/
</VirtualHost * :80>
```

Apache 具有非常强大的功能和可配置性，作为对外（大多数情况下是对所有网络）提供访问服务的应用，所以，在功能、安全性、稳定性、性能调整上都有极大的可配置性，比如工作模式、进程（线程）数、与动态应用的交互方式、安全加固、运行可执行的 CGI、静态缓存、代理、负载均衡等。

项目十九
Nginx 服务器

【任务描述】

Nginx 是一款轻量级的 Web 服务器、反向代理服务器及电子邮件（IMAP/POP3）代理服务器，并在一个 BSD-like 协议下发行。其由俄罗斯的程序设计师 Igor Sysoev 所开发，最初供俄罗斯大型的入口网站及搜寻引擎 Rambler 使用。其特点是占用内存少，并发能力强。事实上，Nginx 的并发能力确实在同类型的网页服务器中表现较好。目前使用 Nginx 网站的用户有新浪、网易、腾讯等，知名的微网志 Plurk 也使用 Nginx。

【学习目标】

1. 了解 Nginx 服务器的应用场景、与 Apache 的对比。
2. 掌握 Nginx 作为 Web 服务器的配置。
3. 熟悉 Nginx 的运维管理、故障排查、性能调优。
4. 能够正确安装、配置、运行 Nginx 虚拟主机。
5. 能够自定义 Nginx 的功能配置、日志等。

任务一　安装配置 LNMP 架构

LNMP 是一组运行动态网站或者服务器的自由软件名称首字母缩写，分别代表 Linux、Nginx、MariaDB、PHP。

Linux，操作系统。

Nginx，轻量级 Web 服务器。

MariaDB 或 MySQL，数据库管理系统（或者数据库服务器）。

PHP、Perl 或 Python，支持网页开发的脚本语言。

示例：安装配置 LNMP（Linux + Nginx + MySQL + PHP），安装 WordPress 应用，网址为 www.ccbili.com。

```
root@ gz-server01:/etc/Nginx/sites-available# apt  install php-fpm
root@ gz-server01:/etc/Nginx/sites-available# vim  /etc/php/7.3/fpm/pool.d/www.conf
listen = 127.0.0.1:9000
server{
      listen 80;
      server_name  www.ccbili.com;
      root  /www/ccbili;
      index  index.php  index.html;
      access_log  /var/log/Nginx/ccbili.com.log;
      error_log   /var/log/Nginx/error_ccbili.com.log;
      location ~ \.php $ {
          include snippets/fastcgi-php.conf;
          fastcgi_pass 127.0.0.1:9000;
      }
}
```

任务二　配置 Nginx 支持 HTTPS

要配置 HTTPS 服务器，必须在服务器块中的侦听套接字上启用 SSL 参数，并且应指定服务器证书和私钥文件的位置。配置如下：

```
root@ gz-server01:/www/ccbili# cat  /etc/nginx/sites-enabled/ccbili.conf
server{
      listen 80;
      listen 443 ssl;
      ssl_certificate /etc/ssl/certs/ssl-cert-snakeoil.pem;
      ssl_certificate_key /etc/ssl/private/ssl-cert-snakeoil.key;

      server_name  www.ccbili.com;
      root  /www/ccbili;
      index  index.php  index.html;
      access_log  /var/log/nginx/ccbili.com.log;
      error_log   /var/log/nginx/error_ccbili.com.log;

      location ~ \.php $ {
          include snippets/fastcgi-php.conf;
          fastcgi_pass 127.0.0.1:9000;
      }
}
```

任务三　Nginx 实现 URL 跳转

访问 http(s)://ccbili.com，自动跳转到 www.ccbili.com；访问 http(s)://any.ccbili.com 或 http(s)://IP，则拒绝访问。配置如下：

```
server{
    listen 80;
    server_name  ccbili.com;
    return  301 http://www.ccbili.com;
}

root@ gz-server01:/etc/nginx/sites-enabled# vim default
server {
    listen 80 default_server;
    listen [::]:80 default_server;
    server_name _;
    return  403;
}
```

项目二十
Squid 服务器

【任务描述】

Squid Cache（简称为 Squid）是 HTTP 代理服务器软件。Squid 用途广泛，可以作为缓存服务器；可以过滤流量，以提高网络安全性；可以作为代理服务器链中的一环，向上级代理转发数据或直接连接互联网。Squid 程序在 UNIX 一类系统中运行。

Squid 历史悠久，功能完善。除了 HTTP 外，对 FTP 与 HTTPS 的支持也相当好，在 3.0 测试版中也支持了 IPv6。

【学习目标】

1. 了解 Squid 服务代理方式。
2. 掌握配置 Squid 正向代理的方法。
3. 掌握配置 Squid 反向代理的方法。
4. 了解配置 Squid 的 ACL 的方法。

任务一　配置 Squid 正向代理

正向代理是一个位于客户端和目标服务器之间的代理服务器（中间服务器）。为了从目标服务器取得内容，客户端向代理服务器发送一个请求，并且指定目标服务器，之后代理向目标服务器转交请求，并且将获得的内容返回给客户端。在正向代理的情况下，客户端必须配置代理服务器的地址才能使用（或者在网关上配置透明代理）。正向代理逻辑拓扑图如图 20-1 所示。

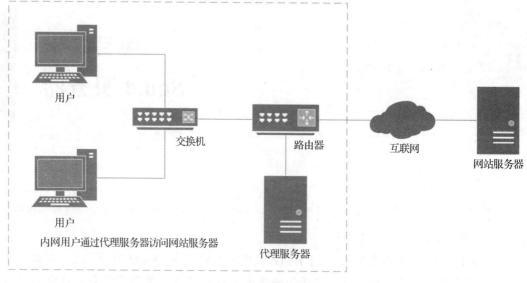

图 20-1　正向代理

1. 安装 Squid 服务器

```
root@ squid:~# apt  install squid
```

2. 配置为正向代理

```
root@ squid:/etc/squid# grep  -v  "^#"  squid.conf.backup |grep  -v  "^$">  squid.conf

acl SSL_ports port 443
acl Safe_ports port 80          # http
acl Safe_ports port 21          # ftp
acl Safe_ports port 443         # https
acl Safe_ports port 70          # gopher
acl Safe_ports port 210         # wais
acl Safe_ports port 1025-65535  # unregistered ports
acl Safe_ports port 280         # http-mgmt
acl Safe_ports port 488         # gss-http
acl Safe_ports port 591         # filemaker
acl Safe_ports port 777         # multiling http
acl CONNECT method CONNECT

acl internal src  192.168.10.0/24

http_access deny ! Safe_ports
http_access deny CONNECT ! SSL_ports
```

```
http_access allow localhost manager
http_access deny manager
http_access allow localhost
http_access allow internal
http_access deny all
visible_hostname   squid_server
cache_mem   256 MB
cache_dir   ufs   /var/spool/squid   1000   16   256


http_port 3128
coredump_dir /var/spool/squid
refresh_pattern ^ftp:              1440    20%    10080
refresh_pattern ^gopher:           1440    0%     1440
refresh_pattern-i(/cgi-bin/)\?     0       0%     0
refresh_pattern.                   0       20%    4320
```

3. 客户端配置

客户端浏览器代理设置如图 20-2 所示，具体参见各浏览器的代理服务器设置选项。也可以在图形网络连接设置中进行代理设置。

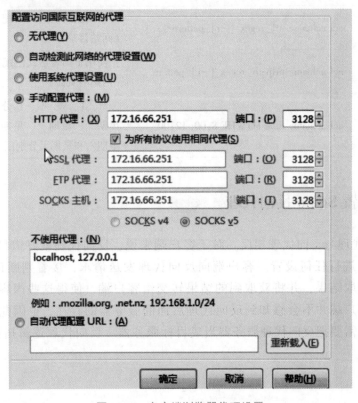

图 20-2　客户端浏览器代理设置

任务二　配置 Squid 的 ACL

Squid 的访问控制技术 ACL 可以设置允许或拒绝用户访问互联网上的哪些资源。比如不允许访问 baidu.com 域名下的所有网站，则先使用 ACL 定义目标域名，然后使用 http_access 拒绝定义的内容。配置如下：

```
acl nobaidu  dstdomain  .baidu.com
http_access  deny  nobaidu
```

常见的控制类型和对应的配置语法见表 20-1。

表 20-1　常见的 ACL

控制类型	语法	说明
src	acl aclname src ip-address/netmask··· acl aclname src addr1-addr2/netmask···	指源（客户）地址，可以是地址或地址段
dst	acl aclname dst tip-address/netmask···	指明目标地址
srcdomain	acl aclname srcdomain domain-name···	指明客户所属的域
dstdomain	acl aclname dstdomain domain-name···	指明请求服务器所属的域
url_regex	acl aclname url_regex [-i] pattern	使用正则表达式匹配特定的一类 URL（网站目录）
urlpath_reges	acl aclname urlpath_regex [-i] pattern	使用正则表达式匹配特定的一类 URL（网站的页面）
time	acl aclname time MTWHF 8:00-12:00	M、T、W、H、F 分别表示星期一、星期二、星期三、星期四、星期五，而星期六和星期天分别用 A、S 表示

任务三　配置 Squid 反向代理

Squid 反向代理与正向代理相反。对于客户端来说，反向代理就好像目标服务器，并且客户端不需要进行任何设置。客户端向反向代理发送请求，接着判断请求走向何处，从目标服务器获取结果，并将获取到的结果转交给客户端，使得这些内容就好似自己的一样。因此，客户端并不会感知到反向代理后面的服务器的存在，也因此不需要客户端做任何设置，只需要把反向代理服务器当成目标服务器。反向代理逻辑拓扑图如图 20-3 所示。

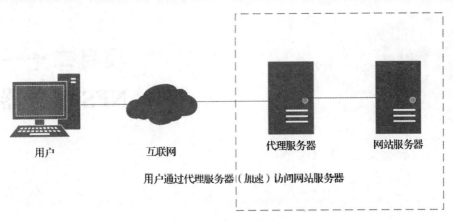

图 20-3　反向代理

反向代理 Squid 服务器，以端目标服务器的 IP 地址为 192.168.10.10 为例，主要配置代码片段如下：

```
http_port 80 accel  defaultsite=192.168.10.102
cache_peer  192.168.10.102  parent  80  0  no-query  originserver
```

项目二十一
NFS 服务器

【任务描述】

网络文件系统 NFS（Network File System）是网络附加储存（NAS）的一种，其功能是允许客户端主机可以像访问本地存储一样通过网络访问服务器端文件。主要用于在 Linux 和 Linux 系统之间提供共享存储。

和其他许多协议一样，NFS 基于开放网络运算远程过程调用（ONC RPC）协议。它是一个开放、标准的 RFC 协议，任何人或组织都可以依据标准实现它。

【学习目标】

1. 掌握 NFS 共享目录。
2. 理解 NFS 的用户映射。
3. 掌握 NFS 的访问控制。
4. 能够配置 NFS 的自动挂载。

任务一　配置基本的 NFS 共享目录

1. 安装 NSF 服务器软件

```
root@ nfs-server:~# aptitude  install  rpcbind  nfs-kernel-server
```

NFS 的网络文件系统的功能由 Kernel 提供，安装的软件包其实只是安装了 NFS 用户空间管理工具。

2. 安装完成后，查看服务的状态

```
root@ nfs-server:~# systemctl    status  rpcbind
root@ nfs-server:~# systemctl    status  nfs-server
root@ nfs-server:~# netstat  -ntupl |grep  rpc
root@ nfs-server:~# rpcinfo  -p
```

3. 配置 NFS 共享服务器目录

```
root@ nfs-server:~# mkdir  -p  /nfs/public
root@ nfs-server:~# echo  "hello nfs">> /nfs/public/nfs.txt

root@ nfs-server:~# vim  /etc/exports
/nfs/public    * (ro,no_subtree_check)

root@ nfs-server:~# exportfs  -av
exporting * :/nfs/public
```

NFS 服务的主配置文件为/etc/exports，文件内容格式为：

```
<输出目录>[客户端1  选项(访问权限,用户映射,其他)]...
```

（1）输出目录

输出目录是指 NFS 系统中需要共享给客户机使用的目录。

（2）客户端

客户端是指网络中可以访问这个 NFS 输出目录的计算机。

客户端常用的指定方式：

指定 IP 地址的主机：192.168.0.200。

指定子网中的所有主机：192.168.0.0/24 192.168.0.0/255.255.255.0。

指定域名的主机：linux.skills.cn。

指定域中的所有主机：＊.skills.cn。

所有主机：＊。

（3）选项

选项用来设置输出目录的访问权限、用户映射等。

NFS 主要有 3 类选项：

①访问权限选项。

设置输出目录只读：ro。

设置输出目录读写：rw。

②用户映射选项。

all_squash：将远程访问的所有普通用户及所属组都映射为匿名用户或用户组（nfsnobody）。

no_all_squash：与 all_squash 取反（默认设置）。

root_squash：将 root 用户及所属组都映射为匿名用户或用户组（默认设置）。

no_root_squash：与 root_squash 取反。

anonuid＝xxx：将远程访问的所有用户都映射为匿名用户，并指定该用户为本地用户（UID＝xxx）。

anongid＝xxx：将远程访问的所有用户组都映射为匿名用户组，并指定该匿名用户组为本地用户组（GID＝xxx）。

③其他选项。

secure：限制客户端只能从小于 1 024 的 TCP/IP 端口连接 NFS 服务器（默认设置）。

insecure：允许客户端从大于 1 024 的 TCP/IP 端口连接服务器。

sync：将数据同步写入内存缓冲区及磁盘中，效率低，但可以保证数据的一致性。

async：将数据先保存在内存缓冲区中，必要时才写入磁盘。

wdelay：检查是否有相关的写操作，如果有，则将这些写操作一起执行，这样可以提高效率（默认设置）。

no_wdelay：若有写操作，则立即执行，应与 SYNC 配合使用。

subtree：若输出目录是一个子目录，则 NFS 服务器将检查其父目录的权限（默认设置）。

no_subtree：即使输出目录是一个子目录，NFS 服务器也不检查其父目录的权限，这样可以提高效率。

4. 客户端测试

```
root@nfs-client:~# aptitude  install nfs-client

root@nfs-client:~# showmount  -e 192.168.38.103
Export list for 192.168.38.103:
/nfs/public *

root@nfs-client:~# mount -t nfs 192.168.38.103:/nfs/public  /mnt
root@nfs-client:~# ls /mnt
nfs.txt
root@nfs-client:~# cat /mnt/nfs.txt
hello nfs
root@nfs-client:~# df -h |grep mnt
192.168.38.103:/nfs/public  19G  783M  17G  5% /mnt

root@nfs-client:~# mount  |grep mnt
192.168.38.103:/nfs/public on /mnt type nfs4 (rw,relatime,vers=4.2,rsize=131072,wsize=
131072,namlen=255,hard,proto=tcp,port=0,timeo=600,retrans=2,sec=sys,clientaddr=
192.168.38.102,local_lock=none,addr=192.168.38.103)
```

任务二 配置 NFS 共享支持可读写的目录

配置 NFS 共享支持可写，需要配置 NFS 的权限为可写，同时，被共享的文件夹本身权限要可写。

```
root@nfs-client:/mnt# touch w.md
touch:cannot touch ' w.md' :Read-only file system
```

```
/nfs/public        * (rw,sync,no_subtree_check)
root@ nfs-server:~# exportfs  -a

root@ nfs-server:~# chmod  777  /nfs/public
root@ nfs-server:~# ls  -ld  /nfs/public/
drwxrwxrwx 2 root root 4096 Apr 16 21:57 /nfs/public/
```

客户端进行写入文件测试：

```
root@ nfs-client:/mnt# touch  w.md
root@ nfs-client:/mnt# ls  -l  w.md
-rw-r--r--1 nobody nogroup 0 Apr 17 02:31 w.md

root@ nfs-server:/nfs/public# ls  -l
total 4
-rw-r--r--1 root   root    10 Apr 16 21:57 nfs.txt
-rw-r--r--1 nobody nogroup  0 Apr 17 02:31 w.md
```

任务三　NFS 客户端和服务器端的用户映射

　　NFS 默认没有用户登录的机制。普通用户的映射关系如下：

　　①对于普通用户，NFS 默认保留文件的拥有者身份（UID）。Linux 系统对用户的识别是通过 UID 来完成的，那么在客户端和服务器端，同一个 UID 对应的用户名可能一样，也可能不一样，或者不存在。

　　②对于 root 用户，NFS 默认将其映射为 nobody、nogroup。

　　③通过配置，可以取消 NFS 对 root 用户的匿名映射。

　　④通过配置，可以将所有的用户都映射为某个指定的用户。

　　示例：普通用户的映射关系。

```
demo@ nfs-client:~ $ touch  /mnt/demo-file.db
demo@ nfs-client:~ $ ls  -l  /mnt/demo-file.db
-rw-r--r--1 demo demo 0 Apr 17 02:34 /mnt/demo-file.db
demo@ nfs-client:~ $ id  demo
uid=1000(demogid=1000(demogroups=1000(demo),24(cdrom),25(floppy),29(audio),30(dip),
44(video),46(plugdev),108(netdev)

root@ nfs-server:/nfs/public# ls  -l  demo-file.db
-rw-r--r--1 demo demo 0 Apr 17 02:34 demo-file.db

root@ nfs-server:/nfs/public# id  demo
uid=1000(demogid=1000(demogroups=1000(demo),24(cdrom),25(floppy),29(audio),30(dip),
44(video),46(plugdev),108(netdev)
```

```
root@ nfs-client:/mnt# id  zhaolei
uid=1001(zhaoleigid=1001(zhaoleigroups=1001(zhaolei)

zhaolei@ nfs-client:~ $ touch  /mnt/zhaolei-file.db
zhaolei@ nfs-client:~ $ ls  -l  /mnt/zhaolei-file.db
-rw-r--r--1 zhaolei zhaolei 0 Apr 17 02:36 /mnt/zhaolei-file.db

root@ nfs-server:/nfs/public# id  zhaolei
id:'zhaolei':no such user
root@ nfs-server:/nfs/public# ls  -l  zhaolei-file.db
-rw-r--r--1 user008 user008 0 Apr 17 02:36 zhaolei-file.db

root@ nfs-server:/nfs/public# id  user008
uid=1001(user008gid=1001(user008groups=1001(user008)

root@ nfs-server:/nfs/public# ls  -l  houyi-file.db
-rw-r--r--1 3078 3078 0 Apr 17 02:39 houyi-file.db
```

示例：配置禁用 root 用户映射为匿名用户。

```
/nfs/public       * (rw,sync,no_subtree_check,no_root_squash)
```

示例：配置所有用户映射为普通用户（UID=1001）。

```
/nfs/public       * (rw,sync,no_subtree_check,all_squash,anonuid=1001,anongid=1001)
```

任务四　NFS 客户端访问控制

示例：NFS 客户端访问控制配置条目。

```
# sample /etc/exports file
/               master(rwtrusty(rw,no_root_squash)
/projects       proj* .local.domain(rw)
/usr            * .local.domain(ro@ trusted(rw)
/home/joe       pc001(rw,all_squash,anonuid=150,anongid=100)
/pub            * (ro,insecure,all_squash)
/srv/www         -sync,rw server @ trusted @ external(ro)
/foo            2001:db8:9:e54::/64(rw192.0.2.0/24(rw)
/build          buildhost[0-9].local.domain(rw)
```

任务五　NFS 客户端实现自动挂载

1. 通过/etc/fstab 配置文件实现 NFS 客户端自动挂载

①配置 fstab 文件系统列表。

```
root@ nfs-client:~# vim  /etc/fstab
#  nfs mount
192.168.38.103:/nfs/public /mnt    nfs4    defaults   0   0
```

②重新加载 fstab 配置，使 NFS 挂载成功。

```
root@ nfs-client:~# umount  /mnt
root@ nfs-client:~# mount  -a
root@ nfs-client:~# mount  |grep  mnt
192.168.38.103:/nfs/public on /mnt type nfs4(rw,relatime,vers=4.2,rsize=131072,wsize=
131072,namlen=255,hard,proto=tcp,port=0,timeo=600,retrans=2,sec=sys,clientaddr=
192.168.38.102,local_lock=none,addr=192.168.38.103)
```

2. 使用 autofs 服务实现 NFS 客户端自动挂载

①安装 autofs 服务。

```
root@ nfs-client:~# aptitude  install autofs
```

②配置 autofs 服务，配置使用 IP 访问 NFS 服务。

```
root@ nfs-client:~# vim  /etc/auto.master
/net   -hosts
```

③重新加载 autofs，使配置生效。

```
root@ nfs-client:~# systemctl  reload  autofs.service
```

④客户端测试。

```
root@ nfs-client:~# mkdir  /net/
root@ nfs-client:~# cd  /net/192.168.38.103

root@ nfs-client:/net/192.168.38.103# ls nfs/public/
cc.db demo-file.db houyi-file.db nfs.txt root.db w.md zhaolei-file.db
root@ nfs-client:/net/192.168.38.103# df  -h  |grep  net
192.168.38.103:/nfs/public 19G  783M  17G  5% /net/192.168.38.103/nfs/public
```

⑤配置 autofs 服务，配置通过指定的挂载点访问 NFS 服务。

```
root@ nfs-client:~# vim  /etc/auto.master
/mnt    /etc/auto.misc

root@ nfs-client:~# vim  /etc/auto.misc
nfs     -fstype=nfs4,defaults    192.168.38.103:/nfs/public
```

⑥重新加载 autofs，使配置生效。

```
root@ nfs-client:~# systemctl  reload  autofs.service
```

⑦客户端测试。

```
root@ nfs-client:~# cd  /mnt/nfs
root@ nfs-client:/mnt/nfs# ls
cc.db demo-file.db houyi-file.db nfs.txt root.db w.md zhaolei-file.db
root@ nfs-client:/mnt/nfs# df  -h  |grep  103
192.168.38.103:/nfs/public  19G  783M  17G  5% /mnt/nfs
```

当访问 NFS 共享在 autofs 的配置文件中指定的挂载点时，autofs 会自动挂载；如果长时间（默认 300 s）没有数据交互，autofs 会自动卸载，下一次访问的时候又重新挂载。

項目二十二
Samba 服务器

【任务描述】

Samba 是用于让 UNIX 系列的操作系统与 Windows 操作系统的 SMB/CIFS（Server Message Block/Common Internet File System）网络协议进行链接的自由软件。

其第三版不仅可以访问和分享 SMB 的文件夹与打印机，还可以集成 Windows Server 的网域，用作网域控制站（Domain Controller）及加入 Active Directory。简而言之，此软件在 Windows 与 UNIX 系列操作系统之间搭起一座桥梁，让两者的资源可互通有无。主要用于在 Linux 和 Windows、Linux 和 Linux 之间进行数据共享。

【学习目标】

1. 掌握在 Linux 下进行 Windows 与 Linux 文件共享。
2. 能够配置 Samba 匿名共享。
3. 能够配置基于用户验证的 Samba 共享。

任务一　基本的安装配置

①安装 Samba 服务器软件。

```
root@ smb-server:~# apt  install  Samba
```

②配置匿名只读文件共享。

```
root@ smb-server:~# vim  /etc/Samba/smb.conf
[public]
 path = /Samba/public
 read only = yes
 public = yes
```

③创建 Samba 服务共享的文件夹及文件。

```
root@ smb-server:~# mkdir  -p  /Samba/public
root@ smb-server:~# touch  /Samba/public/smb.db
```

④重启服务器，使配置失效。

```
root@ smb-server:~# systemctl  restart  smbd
root@ smb-server:~# systemctl  status  smbd
```

⑤查看 Samba 服务器监听的端口，主要工作端口为 139、445。

```
root@ smb-server:~# netstat    -ntupl  |grep  -E ' (s|n)mbd'
tcp    0    0 0.0.0.0:445            0.0.0.0:*          LISTEN    1657/smbd
tcp    0    0 0.0.0.0:139            0.0.0.0:*          LISTEN    1657/smbd
tcp6   0    0 :::445                 :::*               LISTEN    1657/smbd
tcp6   0    0 :::139                 :::*               LISTEN    1657/smbd
udp    0    0 192.168.38.255:137     0.0.0.0:*                    1539/nmbd
udp    0    0 192.168.38.103:137     0.0.0.0:*                    1539/nmbd
udp    0    0 0.0.0.0:137            0.0.0.0:*                    1539/nmbd
udp    0    0 192.168.38.255:138     0.0.0.0:*                    1539/nmbd
udp    0    0 192.168.38.103:138     0.0.0.0:*                    1539/nmbd
udp    0    0 0.0.0.0:138            0.0.0.0:*                    1539/nmbd
```

⑥客户端测试。

在 Windows 客户端测试。在文件浏览器中输入"\\192.168.38.103"进行访问。

在 Linux 客户端测试。打开文件浏览器，单击左边栏的"其他位置"，然后在"连接到服务器"的地址栏中输入"smb://192.168.38.103"进行访问。

在 Linux 命令行访问测试，命令如下：

```
root@ smb-client:~# aptitude  install  Samba-client cifs-utils
root@ smb-client:~# smbclient  -L  192.168.38.103
public          Disk
root@ smb-client:~# mount  -t  cifs  //192.168.38.103/public  /mnt
Password for root@ //192.168.38.103/public:
root@ smb-client:~# ls  /mnt
smb.db
root@ smb-client:~# touch  /mnt/test.db
touch:cannot touch'/mnt/test.db':Permission denied
```

也可以使用 smbclient 命令进行交互式登录 Samba 文件系统。

任务二　创建匿名可写的 smb 共享

①配置 Samba 匿名共享文件夹可写入。

```
[public]
 path=/Samba/public
 read only = no
 # 或者 writable = yes
 public = yes
```

②共享文件夹权限设为 777，使所有用户对文件夹可写。

```
root@ smb-server:~# chmod  777  /Samba/public
```

③重启 Samba 服务，使配置生效。

```
root@ smb-server:~# systemctl  reload  smbd
root@ smb-client:~# mount  -t  cifs-o remount  //192.168.38.103/public  /mnt
```

④客户端写入测试。

```
root@ smb-client:/mnt# touch  test.db
root@ smb-client:/mnt# ls  -l
total 0
-rw-r--r--+ 1 root  root    0 Apr 18 03:20 smb.db
-rw-r--r--+ 1 nobody nogroup 0 Apr 18 03:44 test.db
```

任务三　基于用户验证的共享

①配置仅用户 zhangxi、liupeng 及组 sales 可以访问 files 共享文件夹，其中 zhangxi 对共享文件夹有写入权限。

```
[files]
 path=/Samba/files
 #public = no
 valid  users = zhangxi,liupeng,@ sales
 write list = zhangxi
```

writable＝yes，所有可访问的用户都有写入权限。

write list＝xxx，能访问的用户中，只有 xxx 可以写入。

以上两个选项只能二选一。

②创建共享文件夹，并指定用户可写的权限。

```
root@ smb-server:~# mkdir  /Samba/files
root@ smb-server:~# chown  zhangxi  /Samba/files
root@ smb-server:~# useradd  -m  -s  /sbin/nologin  zhangxi
root@ smb-server:~# smbpasswd  -a  zhangxi
```

③重启 Samba 服务器，使配置生效。

```
root@ smb-server:~# systemctl  reload  smbd
```

④客户端命令行测试。

```
root@ smb-client:~# mount  -t  cifs-o user=zhangxi  //192.168.38.103/public  /mnt
Password for zhangxi@ //192.168.38.103/public:  ******
root@ smb-client:~# touch  /mnt/linux.txt
root@ smb-client:~# ls  /mnt/linux.txt-l
-rw-r--r--+ 1 1002 1002 0 Apr 18 04:01 /mnt/linux.txt
```

用户 liupeng、组 sales 自行添加测试。

配置 Samba 共享时，smb 用户首先是系统的用户；smb 密码不是系统的密码，而是自己独立管理；smb 用户和客户端没有关系；在 Windows 下，smb 用户能否登录与 Windows 组策略有关；smb 的文件共享的读写权限常常配合 Linux 用户管理、文件权限、ACL 等使用。

项目二十三
FTP 服务器

【任务描述】

　　文件传输协议（File Transfer Protocol，FTP）是一个用于在计算机网络上在客户端和服务器之间进行文件传输的应用层协议。VSFTPD、TFTP、ProFTPD、Pure-FTPD 等是 Linux 的 FTP 服务器软件。FTP 是一个跨平台的文件共享服务，在 Windows、Linux、MacOS 中都有服务器端和客户端软件的支持。

【学习目标】

1. 理解 FTP 服务器的文件传输过程。
2. 能够配置匿名 FTP 文件共享服务。
3. 能够配置基于用户验证的 FTP 文件共享服务。
4. 管理 FTP 的客户端访问控制。

任务一　VSFTPD 的基本安装配置

①安装 VSFTPD 软件。

```
[root@ data2 ~]# aptitude search vsftpd
[root@ data2 ~]# aptitude  install  -y  vsftpd
```

VSFTPD 默认配置是匿名的只读共享（在 Debian 9 系统中，默认没有开启匿名用户登录）。Debian 9 开启匿名用户登录：

```
root@ data2:~# vim /etc/vsftpd.conf
anonymous_enable=YES
```

②重启 VSFTPD 服务，使配置生效。

```
[root@ data2 ~]# systemctl  restart  vsftpd
[root@ data2 ~]# ss  -ntupl  |grep  vsftpd
tcp LISTEN 0 32 :::21 :::*  users:(("vsftpd",pid=2781,fd=3))
```

159

工作技巧

> 在 FTP 中，用 ss 命令看到的端口只是 FTP 的命令端口，而当 FTP 传输数据时，它会打开新的端口进行数据传输。
>
> FTP 的数据传输分为主动模式和被动模式。

FTP 监听的 21 端口只是 FTP 命令端口，用于用户登录、执行命令等操作。FTP 服务器和客户端进行数据传输（下载或上传）是通过数据端口来完成的。

在主动模式下，FTP 会采用 20 号端口传输数据。

在被动模式下，FTP 会采用大于 1 024 的随机端口传输数据。

FTP 传输数据采用主动模式还是被动模式是由 FTP 的客户端决定的，在写防火墙规则时要特别注意。

③客户端访问测试。

在 Windows、Linux 或其他平台的文件浏览器中输入 "ftp://192.168.122.109"。

在 Linux 命令行中，使用 "ftp IP 地址" 命令。用户 ftp 或 anonymous 代表匿名登录，在浏览器中也同样可以访问。

```
[root@ 365linux ~]# ftp  192.168.122.109
Connected to 192.168.122.109(192.168.122.109).
220(vsFTPd 3.0.2)
Name(192.168.122.109:root):ftp
331 Please specify the password.
Password:
230 Login successful.
Remote system type is UNIX.
Using binary mode to transfer files.
ftp> ls
227 Entering Passive Mode(192,168,122,109,154,218).
150 Here comes the directory listing.
drwxr-xr-x 2 0 0 6 Aug 03   2015 pub
226 Directory send OK.
```

默认情况下，匿名用户访问的共享目录是/srv/ftp/。

```
[root@ vhost01 ~]# ls /var/ftp/
pub
```

任务二　更改匿名访问的默认目录及权限

1. 更改匿名访问的默认目录

①更改匿名访问的默认目录。

```
[root@ data2 ~]# vim /etc/vsftpd/vsftpd.conf
在最后添加：
anon_root=/share/ftp
```

②创建新的共享目录。

```
[root@ data2 ~]# mkdir  -p  /share/ftp
[root@ data2 ~]# echo  "hello ftp">/share/ftp/test.txt
```

③重启服务，使配置生效。

```
[root@ data2 ~]# systemctl  restart vsftpd
```

2. FTP 匿名用户上传文件

默认情况下，VSFTPD 不允许在它共享根目录（/share/ftp）下上传文件，只允许在 /share/ftp/下创建一个子目录来进行上传。

找到配置文件中的"anon_upload_enable=YES"，去掉"#"注释。

```
[root@ data2 vsftpd]# mkdir  /share/ftp/upload
[root@ data2 vsftpd]# chmod  777  /share/ftp/upload
[root@ data2 vsftpd]# systemctl  restart  vsftpd
```

上传文件的用户和权限如下：

```
[root@ data2 vsftpd]# ll  /share/ftp/upload/
总用量 228
-rw-------1 ftp ftp 231643 12 月 12 15:32 Screenshot_01-rhel7.2_2016-11-29_14:28:51.png
```

以上配置可以上传文件，但不能上传目录，也不能下载或删除自己上传的文件。如需使用匿名用户上传目录，则配置如下：

```
anon_mkdir_write_enable=YES   (上传目录权限)
anon_other_write_enable=YES   (修改、删除、重命名文件的权限)
```

3. 匿名不能下载自己上传的文件

默认情况下，匿名用户只能够下载全世界（所有人）可读的文件，而匿名用户上传的文件生成的权限默认是 600，所以不能下载，解决的方法是配置 anon_world_readable_only

或 anon_umask 的选项，设置为：

```
anon_world_readable_only=NO
```

或者

```
anon_umask=022(默认是077)
```

此外，不能将 VSFTPD 匿名共享根目录/share/ftp 的权限设为 777，否则 FTP 访问不了。
测试如下：

```
[root@ 365linux ~]# ftp  192.168.122.109
Connected to 192.168.122.109(192.168.122.109).
220(vsFTPd 3.0.2)
Name(192.168.122.109:root):ftp
331 Please specify the password.
Password:
500 OOPS:vsftpd:refusing to run with writable root inside chroot()
Login failed.
```

通过以上配置和测试，发现 VSFTPD 匿名用户要上传文件和目录有很多限制，需要一步
步开放权限。基本原则就是服务本身开放可写权限的同时，还要开放上传文件夹的权限。

任务三　本地用户验证登录

默认情况下，VSFTPD 使用的是 pam（可热插拔的用户认证系统）的方式进行用户认
证，而目前 Linux 系统本地用户登录采用的也是 pam 管理，即 VSFTPD 和 Login 是同一套用
户体系（即采用/etc/passwd 和/etc/shadow 配置文件存储用户和密码信息）。直接用服务器
端系统已存在的普通用户账号进行登录 VSFTPD 即可。

```
[root@ data2 vsftpd]# useradd  liubei
[root@ data2 vsftpd]# passwd  liubei

[root@ 365linux ~]# ftp  192.168.122.109
Connected to 192.168.122.109(192.168.122.109).
220(vsFTPd 3.0.2)
Name(192.168.122.109:root):liubei
331 Please specify the password.
Password:
230 Login successful.
Remote system type is UNIX.
Using binary mode to transfer files.
ftp> pwd
257 "/home/liubei"
ftp> help
```

默认本地用户登录到自己的家目录，可以进行上传、下载的操作。

默认情况下，本地用户登录 FTP 后，可以切换到别的系统目录，但是这样很不安全，可以使用 chroot 方式将用户的工作目录限制在登录的根目录。

```
ftp> cd  /etc/
250 Directory successfully changed.
ftp> ls
```

限制所有用户：

```
chroot_local_user=YES
```

限制部分用户：

```
chroot_list_enable=YES
chroot_list_file=/etc/vsftpd/chroot_list(在这个列表文件中写上要限制的用户名)
```

但是，当把用户限制在自己家目录时，对本地用户而言，家目录/home/liubei 即是它的 FTP 的根目录，而本地用户对自己的家目录是可写的，那么和 FTP 的默认安全策略（不允许用户对 FTP 的根目录可写）相冲突，导致 FTP 无法登录。要解决该冲突，有两种方式：

①让本地的 FTP 根目录不可写。但是让用户的家目录都不可写不符合实际需求，可以改变 FTP 的本地用户根目录到另外一个只读目录。

```
local_root=/var/srv
[root@ data2 vsftpd]# mkdir  /var/srv
[root@ data2 vsftpd]# touch  /var/srv/ftpchroot.txt
[root@ 365linux ~]# ftp  192.168.122.109
Connected to 192.168.122.109(192.168.122.109).
220(vsFTPd 3.0.2)
Name(192.168.122.109:root):liubei
331 Please specify the password.
Password:
230 Login successful.
Remote system type is UNIX.
Using binary mode to transfer files.
ftp> ls
227 Entering Passive Mode(192,168,122,109,183,136).
150 Here comes the directory listing.
-rw-r--r--1 0 0 0 Dec 12 08:09 ftpchroot.txt
226 Directory send OK.
ftp> pwd
257 "/"
ftp> cd  /etc/
550 Failed to change directory.
```

可以看到，本地用户被限制在了自己的家目录。然而此时出现了新的问题：local_root

=/var/srv 对所有用户生效。默认情况下，每个用户登录到自己的家目录（/home 下不同的目录），现在每个用户都是登录到/var/srv。解决方法是：使用 VSFTPD 针对不同用户使用不同的子配置文件，即对每个用户设置不同 local_root，这样可以使不同的用户登录到不同的家目录；另外，也可以使用变量的方式，即使用 user_sub_token = $USER，local_root =/data/$USER 的选项。

②让 FTP 支持根目录可写：allow_writeable_chroot = YES

任务四　VSFTPD 对本地用户黑白名单限制

在默认情况下，FTP 允许所有的本地用户登录。如果有所限制，可配置 user_list 和 ftpuser。

```
[root@ data2 vsftpd]# pwd
/etc/vsftpd
[root@ data2  vsftpd]# ls
ftpusers  user_list
```

user_list 既可以作为白名单，也可以作为黑名单，取决于主配置文件中的 userlist_deny 选项。默认情况下，在主配置文件中，userlist_deny = YES，那么，在 usre_list 文件中，用户将不能访问 FTP，即黑名单；如果 userlist_deny = NO，那么，在 usre_list 文件中，用户将可以访问 FTP，即白名单。

同时，FTP 进程还检查用户名是否在 ftpusers 文件中，该文件中存放用于运行系统服务的用户，这个文件中的用户永远都不能访问 FTP，不管 user_list 是否设置。

任务五　FTP 托管模式

如果 VSFTPD 服务不是一个频繁使用的服务，没有必要长期运行在系统中，占用系统资源，那么可以使用托管模式，需要访问时才启动程序。

在 Linux 系统中使用 xinetd 服务托管其他服务，而 xinetd 有很多安全配置选项，使得服务更安全。

①安装 xinetd 服务。

```
[root@ data2 vsftpd]# aptitude  search  xinetd
[root@ data2 vsftpd]# aptitude  install xinetd
```

②配置 xinetd 服务托管 VSFTPD。

```
[root@ data2 ~]# systemctl  stop vsftpd
[root@ data2 ~]# systemctl  disable  vsftpd
[root@ data2 ~]# vim /etc/vsftpd.conf
listen=NO
```

```
listen_ipv6=NO
/etc/xinetd.conf
[root@ data2 ~]# vim  /etc/xinetd.d/vsftpd
service ftp
{
    disable       = no
    socket_type      = stream
    wait       = no
    nice       = 10
    user       = root
    server      = /usr/sbin/vsftpd
    server_args      = /etc/vsftpd/vsftpd.conf
}
```

③重启 xinetd 服务，使配置生效。

```
[root@ data2 ~]# systemctl restart  xinetd
[root@ data2 ~]# ss -ntupl |grep  xinetd
tcp  LISTEN 0    64   :::21          :::*         users:(("xinetd",pid=3232,fd=5))
```

用 xinetd 来托管服务的好处是，可以利用 xinetd 守护进程的特性。进行访问控制、流量限制、日志增强、应用防火墙等，还可以节省系统开销。对于访问量不大的 FTP 服务器，可以使用托管模式。

项目二十四
iptables 防火墙

【任务描述】

iptables 是一个配置 Linux 内核防火墙的命令行工具，是 Netfilter 项目的一部分。术语 iptables 也经常代指该内核级防火墙。

iptables 是运行在用户空间的应用软件，通过控制 Linux 内核 Netfilter 模块，来管理网络数据包的处理和转发。通常 iptables 需要内核模块的支持才能运行，此处相应的内核模块通常是 Xtables。

iptables 用于 IPv4，ip6tables 用于 IPv6。

【学习目标】

1. 掌握 Linux 防火墙的基本概念。
2. 能够编写流量过滤型防火墙规则。
3. 能够编写流量转发型防火墙规则。

任务一　理解 Linux 防火墙的基本概念

iptables、ip6tables 等都使用 Xtables 框架，存在"表（tables）""链（chain）"和"规则（rules）"三个层面。

每个"表"指的是不同类型的数据包处理流程，如 filter 表表示进行数据包过滤，而 nat 表针对链接进行地址转换操作。每个表中又可以存在多个"链"，系统按照预订的规则将数据包通过某个内建链，例如，将从本机发出的数据通过 OUTPUT 链。在"链"中可以存在若干"规则"，这些规则会被逐一进行匹配，如果匹配，可以执行相应的动作，如修改数据包或跳转。跳转可以直接接受该数据包或拒绝该数据包，也可以跳转到其他链继续进行匹配，或者从当前链返回调用者链。当链中所有规则都执行完却仍然没有跳转时，将根据该链的默认策略执行对应动作；如果也没有默认动作，则返回调用者链。表与链的关系见表 24-1。

表 24-1　防火墙表与链的关系

过滤点	表	
	filter	nat
INPUT	✓	
FORWARD	✓	
OUTPUT	✓	✓
PREROUTING		✓
POSTROUTING		✓

1. filter 表

filter 表是默认的表，如果不指明表，则使用此表。其通常用于过滤数据包。其中的内建链包括：

INPUT：输入链，发往本机的数据包通过此链。

OUTPUT：输出链，从本机发出的数据包通过此链。

FORWARD：转发链，本机转发的数据包通过此链。

2. nat 表

nat 表，用于"网络地址转换"操作。其中的内建链包括：

PREROUTING：路由前链，在处理路由规则前通过此链，通常用于目的地址转换（DNAT）。

POSTROUTING：路由后链，完成路由规则后通过此链，通常用于源地址转换（SNAT）。

OUTPUT：输出链，类似于 PREROUTING，但是处理本机发出的数据包。

此外，还有 mangle 表和 raw 表，在本章内容中暂不涉及。

任务二　访问防火墙所在的服务器上的应用

①在 filter 表 INPUT 链中放行 80 端口。

```
root@ apache-server:~# iptables -t filter -A INPUT -s 192.168.38.102 -p tcp --
dport 80 -j ACCEPT
root@ apache-server:~# iptables -nvL
Chain INPUT (policy ACCEPT 36 packets,2304 bytes)
pkts bytes target    prot opt in     out    source              destination
   0    0 ACCEPT    tcp -- *      *      192.168.38.102      0.0.0.0/0      tcp dpt:80
```

②在 INPUT 链中拒绝其他请求。

```
root@ apache-server:~# iptables -P INPUT DROP
或者
```

167

```
root@ apache-server:~# iptables  -A  INPUT  -j  REJECT  --reject-with  icmp-host-un-
reachable
```

③在 OUTPUT 链中放行 22 和 80 端口，拒绝其他请求。

```
root@ apache-server:~# iptables  -A  OUTPUT  -j  REJECT  --reject-with  icmp-host-un-
reachable
iptables  -I  OUTPUT-s  192.168.38.101  -p  tcp  --sport  22  -j ACCEPT
iptables  -I  OUTPUT-s  192.168.38.101  -p  tcp  --sport  80  -j ACCEPT
```

④在 OUTPUT 链中放行相关联的状态数据包。

```
root@ apache-server:~#iptables  -I OUTPUT-m  state  --state  RELATED,ESTABLISHED-j  ACCEPT
```

⑤输出编写的防火墙规则。

```
root@ apache-server:~# iptables  -nL  --line-number
Chain INPUT(policy DROP)
num  target  prot opt source          destination
1    ACCEPT  tcp  -- 192.168.38.102   0.0.0.0/0        tcp dpt:80
2    ACCEPT  tcp  -- 0.0.0.0/0         192.168.38.101   tcp dpt:22
3    REJECT  all  -- 0.0.0.0/0         0.0.0.0/0        reject-with icmp-host-unreachable

Chain FORWARD(policy ACCEPT)
num  target   prot opt source            destination

Chain OUTPUT(policy ACCEPT)
num  target   prot opt source          destination
1    ACCEPT   all  -- 0.0.0.0/0         0.0.0.0/0       state RELATED,ESTABLISHED
2    ACCEPT   tcp  -- 192.168.38.101    0.0.0.0/0       tcp spt:80
3    ACCEPT   tcp  -- 192.168.38.101    0.0.0.0/0       tcp spt:22
4    REJECT   all  -- 0.0.0.0/0         0.0.0.0/0       reject-with icmp-host-unreachable
```

⑥保存和重载（开机加载）防火墙规则。

```
root@ apache-server:~# apt  -y  install  iptables-persistent
```

任务三 内网用户通过防火墙转发上网

1. 网关的 IP 地址设置

```
root@ gateway:~# ip addr show
1:lo:<LOOPBACK,UP,LOWER_UP> mtu 65536 qdisc noqueue state UNKNOWN group default qlen 1
    link/loopback 00:00:00:00:00:00 brd 00:00:00:00:00:00
    inet 127.0.0.1/8 scope host lo
```

```
        valid_lft forever preferred_lft forever
    inet6 ::1/128 scope host
        valid_lft forever preferred_lft forever
2:ens33:<BROADCAST,MULTICAST,UP,LOWER_UP> mtu 1500 qdisc pfifo_fast state UP group default
qlen 1000
    link/ether 00:0c:29:33:73:4b brd ff:ff:ff:ff:ff:ff
    inet 192.168.38.103/24 brd 192.168.38.255 scope global ens33
        valid_lft forever preferred_lft forever
    inet6 fe80::20c:29ff:fe33:734b/64 scope link
        valid_lft forever preferred_lft forever
3:ens37:<BROADCAST,MULTICAST,UP,LOWER_UP> mtu 1500 qdisc pfifo_fast state UP group default
qlen 1000
    link/ether 00:0c:29:33:73:55 brd ff:ff:ff:ff:ff:ff
    inet 172.16.100.254/24 brd 172.16.100.255 scope global ens37
        valid_lft forever preferred_lft forever
    inet6 fe80::20c:29ff:fe33:7355/64 scope link
        valid_lft forever preferred_lft forever
```

2. 客户端的 IP 地址设置

```
root@ client:~# ip a
1:lo:<LOOPBACK,UP,LOWER_UP> mtu 65536 qdisc noqueue state UNKNOWN group default qlen 1
    link/loopback 00:00:00:00:00:00 brd 00:00:00:00:00:00
    inet 127.0.0.1/8 scope host lo
        valid_lft forever preferred_lft forever
    inet6 ::1/128 scope host
        valid_lft forever preferred_lft forever
2:ens33:<BROADCAST,MULTICAST,UP,LOWER_UP> mtu 1500 qdisc pfifo_fast state UP group default
qlen 1000
    link/ether 00:0c:29:d1:a5:54 brd ff:ff:ff:ff:ff:ff
    inet 172.16.100.101/24 brd 172.16.100.255 scope global ens33
        valid_lft forever preferred_lft forever
    inet6 fe80::20c:29ff:fed1:a554/64 scope link
        valid_lft forever preferred_lft forever
```

3. 客户端的路由设置

```
root@ client:~# route  -n
Kernel IP routing table
Destination     Gateway          Genmask         Flags Metric Ref  Use Iface
0.0.0.0         172.16.100.254   0.0.0.0         UG      0     0     0 ens33
172.16.100.0    0.0.0.0          255.255.255.0   U       0     0     0 ens33
```

```
root@ gateway:~# echo  1 > /proc/sys/net/ipv4/ip_forward
root@ gateway:~# vim  /etc/sysctl.conf
net.ipv4.ip_forward=1
```

4. 网关转发内网客户端上网请求的防火墙规则

```
root@ gateway:~# iptables -t nat -A POSTROUTING -s 172.16.100.0/24 -j SNAT --to-
source 192.168.38.103
#或者 iptables -t nat -A POSTROUTING -s 172.16.100.0/24 -j MASQUERADE
```

5. 客户端上网测试

```
root@ client:~# ping www.baidu.com
PING www.a.shifen.com(119.75.213.5156)84bytes of data.
64 bytes from 119.75.213.51(119.75.213.51):icmp_seq=1 ttl=127 time=38.3 ms
```

6. FORWARD 转发访问控制

可以通过 FORWARD 链中的规则进行访问控制。比如只允许 172.16.100.0/24 网段的客户端访问外网。

```
root@ gateway:~# iptables  -A FORWARD  -j DROP

root@ gateway:~# iptables -I  FORWARD  -s 172.16.100.0/24  -j ACCEPT
root@ gateway:~# iptables -I  FORWARD -m state --state  RELATED,ESTABLISHED-j ACCEPT
root@ gateway:~# iptables -nL  FORWARD
Chain FORWARD(policy ACCEPT)
target    prot opt source            destination
ACCEPT    all -- 0.0.0.0/0           0.0.0.0/0           state RELATED,ESTABLISHED
ACCEPT    all -- 172.16.100.0/24      0.0.0.0/0
DROP      all -- 0.0.0.0/0           0.0.0.0/0
```

任务四　来自外网的客户端访问防火墙后面的内网中服务器的应用

示例：网关对外接受访问请求的地址为 192.168.38.103，内网服务器的地址为 172.16.100.101，则防火墙规则如下：

```
root@ gateway:~# iptables -t nat -A  PREROUTING -d 192.168.38.103-p tcp --dport 80-j
DNAT--to 172.16.100.101
```

针对 DNAT 的规则，同样可以根据需要去配置 FORWARD 的规则。

项目二十五
OpenVPN 服务器

【任务描述】

虚拟专用网络（VPN）允许用户像在专用网络上一样，私密、安全地遍历不受信任的网络。流量从 VPN 服务器出现，并继续其到达目的地的过程。与 HTTPS 连接使用时，此设置可让用户安全地无线登录和交易。用户可以绕过地理限制和审查制度，并屏蔽不受信任的网络的位置和所有未加密的 HTTP 流量。

OpenVPN 是功能齐全的开放源代码安全套接字层（SSL）VPN 解决方案，可适应多种配置。在本项目中，将在 Debian 服务器上设置 OpenVPN 服务器，然后配置从客户端对其的访问，任务示意图如图 25-1 所示。

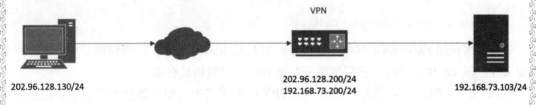

图 25-1　VPN 网络连接图

【学习目标】

1. 掌握 OpenVPN 服务器的配置方法。
2. 掌握 OpenVPN 客户端的配置方法。
3. 掌握进行 OpenVPN 连接测试的方法。

任务一　安装 OpenVPN 和 Easy-RSA

在 Debian 系统上使用 apt 安装 OpenVPN 和 Easy-RSA 软件包。

```
root@ server01:~# apt install openvpn  easy-rsa
```

OpenVPN 是 TLS/SSL VPN，这意味着它利用证书来加密服务器和客户端之间的通信。要发布受信任的证书，必须设置自己的简单证书颁发机构（CA）。

建议在独立服务器上构建 CA。原因是，如果攻击者能够渗透到您的服务器，则他们将能够访问您的 CA 私钥并使用它来签署新证书，从而使他们能够访问您的 VPN。因此，独立计算机管理 CA 有助于防止未经授权的用户访问您的 VPN。另外，请注意，建议在不用密钥进行签名时关闭 CA 服务器。

在服务器上成功安装了所有必需的软件后，配置 Easy-RSA 所使用的变量，并设置一个 CA 目录。在此目录中生成服务器和客户端访问 VPN 所需的密钥和证书。

Easy-RSA 提供了一个配置文件，编辑该配置文件来定义 CA 变量。

```
root@ server01:~# make-cadir /myca
root@ server01:~# ls /myca/
easyrsa  openssl-easyrsa.cnf  vars  x509-types

root@ server01:/myca# vim vars
set_var EASYRSA_REQ_COUNTRY    "CN"
set_var EASYRSA_REQ_PROVINCE    "Guangdong"
set_var EASYRSA_REQ_CITY        "Guangzhou"
set_var EASYRSA_REQ_ORG        "Linux Part"
set_var EASYRSA_REQ_EMAIL        "admin@ linuxpart.com"
set_var EASYRSA_REQ_OU          "Linux Part Unit"

root@ server01:/myca#./easyrsa init-pki
```

之后再次调用 Easy-RSA 脚本，并在其后加上 build-ca 选项。这将构建 CA 并创建两个重要文件：ca. crt 和 ca. key，它们构成 SSL 证书的公共端和私有端。

ca. crt 是 CA 的公共证书文件，在 OpenVPN 的上下文中，服务器和客户端用来相互通知它们是同一信任网络的一部分，而不是进行攻击的一方。因此，VPN 服务器和所有客户端都需要 ca. crt 文件的副本。

ca. key 是 CA 机器用来提供服务器和客户端签名的密钥与证书的私钥的。如果攻击者获得对您的 CA 的访问权，进而获得对 ca. key 文件的访问权，则他们将能够签署证书请求并获得对 VPN 的访问权，从而损害了 VPN 的安全性。这就是 ca. key 文件应仅位于 CA 机器上的原因。并且在理想情况下，当不对证书请求进行签名时，作为额外的安全措施，CA 机器应保持脱机状态。

如果不想每次与 CA 交互时都被提示输入密码，则可以使用 nopass 选项运行 build-ca 命令，如下所示：

```
root@ server01:/myca# dd if=/dev/urandom  of=pki/.rnd bs=256 count=1
root@ server01:/myca#./easyrsa build-ca nopass
Common Name(eg:your user,host,or server name[Easy-RSA CA]):CA-Server
```

任务二　创建服务器证书和密钥文件

从服务器生成私钥和证书请求，然后将请求转移到要签名的 CA 上，从而创建所需的证书。

首先浏览 OpenVPN 服务器上的 easyrsa 目录：

```
root@ server01:/myca#./easyrsa  gen-req vpnServer nopass

Common Name(eg:your user,host,or server name[vpnServer]):
Keypair and certificate request completed.Your files are:
req:/myca/pki/reqs/vpnServer.req
key:/myca/pki/private/vpnServer.key
```

如果另一台服务器提交的 req 文件，则需要导入 req，而后对 vpnServer. req 文件进行签名，生成所需的证书。

```
root@ server01:/myca#./easyrsa  sign-req  server vpnServer
```

创建一个 Diffie-Hellman 密钥，以在密钥交换期间使用。

```
root@ server01:/myca#./easyrsa  gen-dh
```

生成一个 HMAC 签名，以增强服务器的 TLS 完整性验证功能。

```
openvpn--genkey--secret ta.key

root@ server01:/myca# cp  pki/private/vpnServer.key /etc/openvpn/
root@ server01:/myca# cp pki/issued/vpnServer.crt /etc/openvpn/
root@ server01:/myca# cp pki/ca.crt  /etc/openvpn/
root@ server01:/myca# cp ta.key  /etc/openvpn/
root@ server01:/myca# cp pki/dh.pem /etc/openvpn/
```

这样就生成了服务器所需的所有证书和密钥文件。客户端计算机将使用这些证书和密钥来访问您的 OpenVPN 服务器。

任务三　生成客户端证书和密钥对

尽管可以在客户端计算机上生成私钥和证书请求，然后将其发送到要签名的 CA，但采用在服务器上生成证书的方法可以创建一个脚本，该脚本将自动生成包含所有必需的密钥和证书的客户端配置文件。这样可以避免将密钥、证书和配置文件传输到客户端，并简化了加入 VPN 的过程。

以下将生成一个客户端密钥和证书对。如果有多个客户端，可以对每个客户端重复此过程。但是请注意，需要为每个客户端向脚本传递唯一的名称值。在本任务中，第一个证书/

密钥对被称为 vpnClient01。

```
root@ server01:/myca#./easyrsa  gen-req vpnClient01 nopass
root@ server01:/myca#./easyrsa sign-req client vpnClient01
root@ server01:/myca# cp pki/issued/vpnClient01.crt clientkeys/
root@ server01:/myca# cp ta.key clientkeys/
root@ server01:/myca# cp pki/ca.crt clientkeys/
```

任务四　配置 OpenVPN 服务器

编辑 OpenVPN 服务器的配置文件：

```
cp /usr/share/doc/openvpn/examples/sample-config-files/server.conf.gz  ./
# server.conf
ca ca.crt
cert vpnServer.crt
key vpnServer.key
dh dh.pem

tls-auth ta.key 0
auth SHA256
user nobody
group nogroup
```

调整服务器的网络配置：

```
root@ server01:/etc/openvpn# vim /etc/sysctl.conf
net.ipv4.ip_forward=1
```

启动 OpenVPN 服务：

```
root@ server01:/etc/openvpn# systemctl start openvpn@ server
root@ server01:/etc/openvpn# systemctl enable  openvpn@ server
```

服务器的配置文件称为/etc/openvpn/server. conf，因此，在调用时，在单元文件的末尾添加@ server。

任务五　配置 OpenVPN 客户端

导入客户端证书：

```
root@ server01:/etc/openvpn/client# ls
ca.crt  ta.key  vpnClient01.crt  vpnClient01.key
```

编辑客户端配置文件：

```
root@ server01:/etc/openvpn/client # cp /usr/share/doc/openvpn/examples/sample-config-
files/client.conf./base.conf
# base.conf

remote 202.96.128.200 1194

user nobody
group nogroup

#ca ca.crt
#cert client.crt
#key client.key

#tls-auth ta.key 1
key-direction 1
# 内置 tls-auth 证书必须指定,客户端为 1,服务器端为 0

cipher AES-256-CBC
auth SHA256
如有需要,在 Linux 客户端更新 DNS 信息。
# script-security 2
# up /etc/openvpn/update-resolv-conf
# down /etc/openvpn/update-resolv-conf
```

编写一个脚本生成客户端配置文件:

```
# makeClientConf.sh
#! /bin/bash
base=base.conf
ca=ca.crt
cert=vpnClient01.crt
key=vpnClient01.key
ta=ta.key
cconf=vpnClient01.ovpn
cat "$base"> $cconf

echo "<ca>">> $cconf
cat "$ca">> $cconf
echo "</ca>">> $cconf

echo "<cert>">> $cconf
cat "$cert">> $cconf
echo "</cert>">> $cconf
```

```
echo "<key>">> $ cconf
cat " $ key">> $ cconf
echo "</key>">> $ cconf

echo "<tls-auth>">> $ cconf
cat " $ ta">> $ cconf
echo "</tls-auth>">> $ cconf
```

安装 OpenVPN 客户端,并测试:

```
root@ client:~# apt install openvpn

root@ client:/etc/openvpn# scp  202.96.128.200:/etc/openvpn/client/vpnClient01.conf./
root@ client:/etc/openvpn# openvpn  --config vpnClient01.conf &
```

请注意,在 Linux、BSD 或类似 UNIX 的操作系统上,配置文件名为 server. conf 和 client. conf;在 Windows 上,分别命名为 server. ovpn 和 client. ovpn。